Sergio Ayvar-Serna
José Francisco Díaz-Nájera
Antonio Mena-Bahena

CONTROLO IN VITRO INTEGRADO DE *Pestalotiopsis microspora* Speg.

Sergio Ayvar-Serna
José Francisco Díaz-Nájera
Antonio Mena-Bahena

CONTROLO IN VITRO INTEGRADO DE Pestalotiopsis microspora Speg.

Gestão de cravos-da-índia

ScienciaScripts

Imprint

Cover image: www.ingimage.com

This book is a translation from the original published under ISBN 978-613-9-40439-1.

Publisher:
Sciencia Scripts
is a trademark of
Dodo Books Indian Ocean Ltd. and OmniScriptum S.R.L publishing group

120 High Road, East Finchley, London, N2 9ED, United Kingdom
Str. Armeneasca 28/1, office 1, Chisinau MD-2012, Republic of Moldova, Europe
Printed at: see last page
ISBN: 978-620-7-74406-0

CONTENTE

I. INTRODUÇÃO 2

II. PROBLEMA DE INVESTIGAÇÃO 4

III. METAS E HIPÓTESE 5

IV. REVISÃO DE LITERATURA 6

V. MATERIAIS E MÉTODOS 30

VI. RESULTADOS E DISCUSSÃO 44

VII. CONCLUSÕES 53

REFERÊNCIAS BIBLIOGRÁFICO 54

I. INTRODUÇÃO

As plantações de goiaba estabelecidas na República Mexicana são afetadas pela doença endêmica conhecida como "cravo-da-índia", causada pelo fungo Pestalotia micróspora Speg ., que infecta folhas, galhos, flores e frutas, neste último causa mais prejuízos porque prejudica sua apresentação, qualidade e valor comercial, o que afeta a rentabilidade dessa atividade frutícola. O dano em O fruto apresenta-se como pequenas lesões castanhas, de formato circular e consistência cortiça, com aspecto de pegajosidade ou unha enferrujada. (Figura 1). A melhor alternativa para combater esta doença é dirigindo integrado usando práticas conjuntamente culturais, biológicas, químicas e outras que contribuem para neutralizar os danos. Sem embargo, ele método preferido agricultores é a aplicação de fungicidas sintéticos, porque dão resultados a curto prazo, estão disponíveis em preços diferenciados ajudam a aumentar a quantidade e a qualidade do produto; Porém, este método de controle não garante a segurança alimentar da fruta; porque são utilizadas substâncias tóxicas que também contaminam o meio ambiente, geram resíduos residuais, induzem resistência a patógenos e causam doenças cancerígenas em humanos; Por este motivo, optou-se por procurar outras alternativas naturais compatíveis com os sistemas de produção agrícola, entre as quais se destaca o controle biológico através da utilização de microrganismos benéficos como Trichoderma spp. que atua através de competição direta, micoparasitismo e antibiose, contra diversas espécies de fungos fitopatogênicos, como P.microspora . Além disso, o Trichoderma apresenta mecanismos indiretos para provocar ou induzir a defesa fisiológica e bioquímica da planta, através da desintoxicação de toxinas. e desativação de enzimas nos processos infecciosos; Promove também a solubilização de elementos nutricionais como o fósforo que, na sua forma original, não são acessíveis às plantas; além disso, tem habilidade de criar a atmosfera favorável ao desenvolvimento radicular, o que aumenta a tolerância de o plantar para o estresse de seca e/ou nutrição (infantil e outros. , 2009). Em agricultura orgânica atual, o interesse aumentou em ele exploração de compostos antimicrobianos produzidos por algumas plantas, como canela (Cinnamomum zeylanicum L.), alho (Allium sativum L.), neem (Azadirachta indica Juss) e muitos outros espécies vegetais que apresentam óleos essenciais, polifenóis, taninos, saponinas, antraquinonas, flavonóides, terpenos, lectinas, polipeptídeos, fenóis e muitos mais compostos, que possuem atividade antifúngica, com as vantagens de serem compatíveis com a natureza e inofensivos aos consumidores. Os terpenos são os principais responsáveis pela atividade antimicrobiana dos óleos essenciais; dele O efeito antimicrobiano baseia-se no fato de danificarem as biomembranas e interferirem em processos vitais como a osmose, a síntese de esteróis e fosfolipídios no célula fungosa (Montes , 2006). Dada a necessidade de fortalecer o controle integrado de P.microspora , surgiu o interesse em avaliar a eficácia biológ ca, em vitro, de Trichoderma spp ., extratos vegetais e fungicidas químicos para selecione produtos com maior potencial para verificar ao patógeno.

II. PROBLEMA DE INVESTIGAÇÃO

Em Tetipac , Gro., as plantações de goiabeira sofrem o ataque da doença endêmica causada pelo fungo P. microspora , que afeta diversas partes da planta em diferentes estágios fenológicos; mas o dano mais significativo está no fruto (Figura 1), onde induz a formação de lesões ou crostas necróticas que afetam principalmente a qualidade do produto, que diminui a rentabilidade da cultura.

Na região de estudo não há histórico de pesquisa formal feita para comprovar a etiologia e alternativas para reduzir danos de esse problemático fitossanitário. Por esta razão, surgiu o interesse em testar, em condições laboratoriais, o efeito de diversos produtos biológicos, orgânicos e químicos, para determinar os mais eficazes que podem ser utilizados. no manejo integrado desta doença.

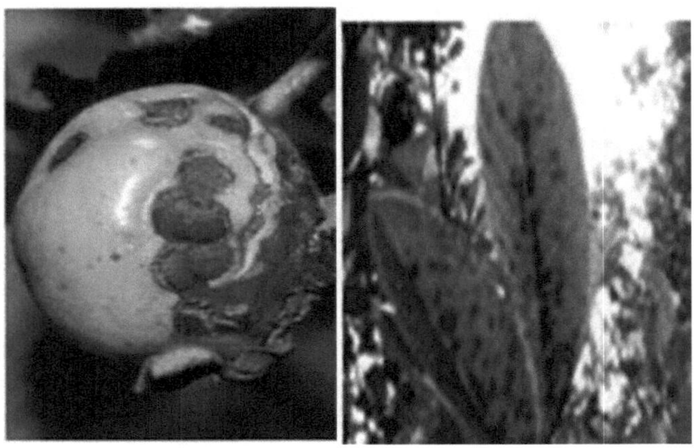

Figura 1. Dano provocado por P. micrósporo em frutas e folha (Flores, 2012).

III. METAS E HIPÓTESE

Por ele interesse de selecione novo alternativas para ele ao controle integrado em vitro de P.microspora , ELE ele pegou para capa ele presente estudar com base em o seguindo:

3.1. Metas

- Isolar e purificar ele fungo que causa o doença de pregar ele cortar de goiaba.
- Identificar morfológico e molecularmente para o agente causal de esta doença.
- Avaliar patogenicidade de as espécies cogumelo isolado.
- Saber o eficácia biológico em vitro de seis fungicidas produtos químicos, seis Deformação de Trichoderma sp . e seis extratos vegetais contra ele fungo Q. micrósporo.

3.2. Hipótese

- O espécies do fungo isolado é capaz de reproduzir os sintomas de doença das frutas e folhas saudáveis inoculadas na Vivo.
- O espécies de Trichoderma são eficaz para inibir crescimento do fungo.
- O fungicidas sistêmico tem a maior eficácia que o entre em contato com produtos para inibir o desenvolvimento do patógeno em condições in vitro .
- O extratos vegetais são capaz de contador ele crescimento micélio do fungo.

IV. REVISÃO DE LITERATURA

4.1. Aspectos em geral do cortar

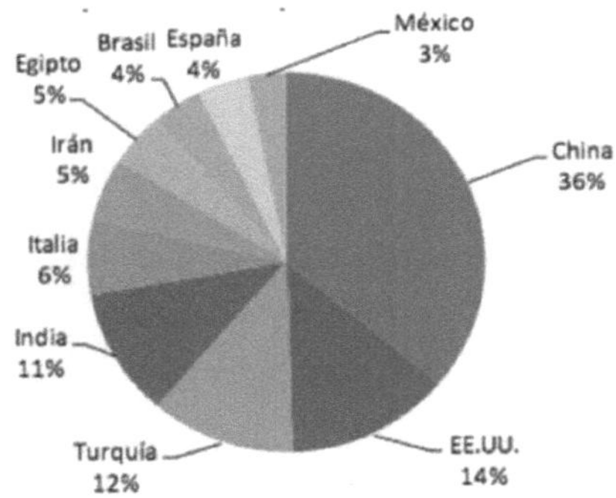

A goiaba é nativa das regiões tropicais da América; de onde se espalhou por todo o mundo. Atualmente é produzido principalmente nos países indicados na Figura 2, onde a China se destaca por contribuir com 36% do volume total mundial. O México participa com apenas 3%, e os estados que lideram a produção são Michoacán e Aguascalientes (Figura 3). Em Guerrero o A maior área dedicada a esta fruteira encontra-se no município de Tetipac (Figura 4), onde a infecção pela doença aérea conhecida como sarna ou cravo-da-índia da goiaba, causado pelo fungo P. microspora Speg ., o que afeta o valor comercial do produto. Na presente investigação, P. microspora e métodos de controle biológico, orgânico e químico são objeto de estudo. Por ser o primeiro relato desta espécie de fungo em goiabeira, são apresentadas todas as informações sobre P. microspora , pois não existem muitas publicações sobre o primeiro dos fungos citados .

4.2. Antracnose ou cravo-da-índia (P. micróspora Speg)

Importância. Em campo isso afeta o aparência e

Figura 2 . Países principal produtores (SAGARPA, 2014).

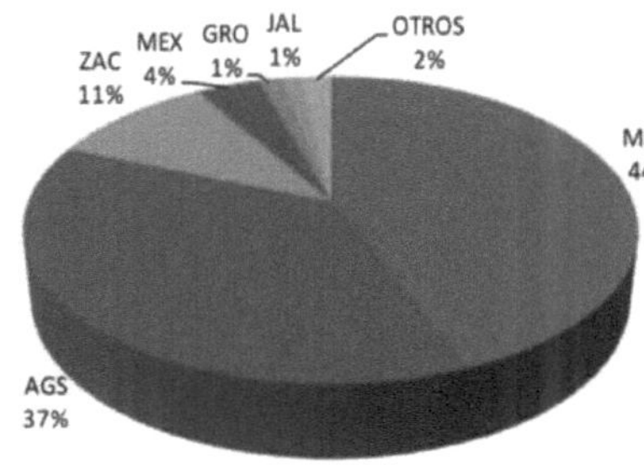

Figura 3 . estado principal produtores (SAGARPA, 2014).

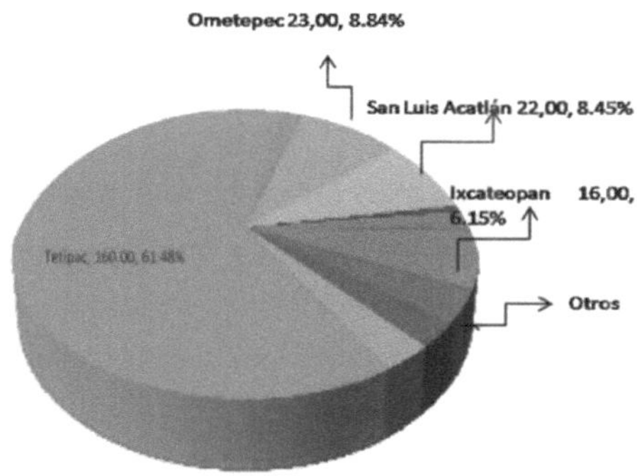

Figura 4 . Municípios principal produtores (SAGARPA, 2014). qualidade comercial do fruta e em pós-colheita causas decair seco e mumificação do produto (Agríos,2005).

Distribuição. É encontrada no México, Bolívia, Índia, Austrália, Malásia, Moçambique, Zâmbia, Nigéria, Venezuela, Equador, Costa do Marfim, Taiwan, Zimbábue, Tanzânia, Porto Rico e muitos outros países (Domingo et al. , 2006).

Anfitriões. Infecta Psidium guajava L., Acca sellowiana Berg., Vitis vinifera L., Feijoa sellowiana Berg. e Musa paradisiaca L. (Jiménez et al., 1992).

Sintomas. A doença manifesta-se no epicarpo do fruto jovem, como manchas circulares, elevadas, de consistência rolhada e de cor castanha (Figura 5), que prejudicam o desenvolvimento normal do fruto; ou fica coberto por crostas marrons irregulares que, em ataques graves, causam rachaduras. e no final a mumificação. As folhas têm manchas de cor café

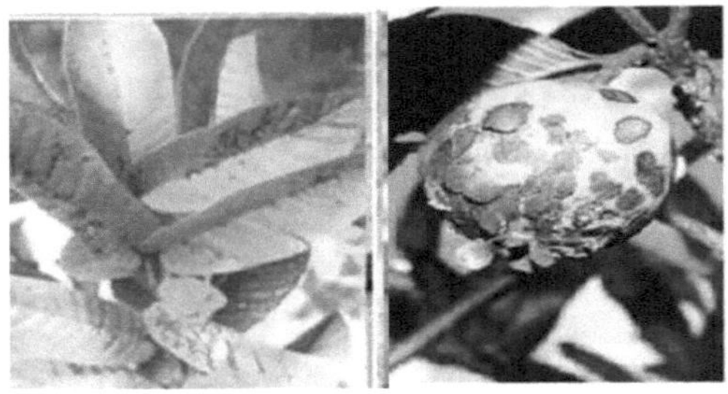

Figura 5. Sintomas de Q. micrósporo em folhas e fruta (Flores, 2012). brilhante tanto nas bordas quanto em sua parte central (Figura 5). Da mesma forma, os brotos tenros ficam deformados, secam, escurecem e caem (Montiel et al., 2001) .

Diagnóstico. No campo, o diagnóstico preliminar é feito através da observação de os sintomas que caracterizam a presença da doença (Figuras 1, 5 e 11). Em laboratório, o tecido doente é colocado em câmara úmida para induzir a formação de acérvulas típicas do fungo e observar os conídios típicos (Figuras 6 e 21) que permitem a identificação do gênero deste fungo.

Taxonomia. A posição taxonômica do fungo é: Reino Fungi, Filo Deuteromycota , Classe Deuteromycetes, Ordem Melanconiales , Família Melanconiaceae , Gênero Pestalotia , Espécie microspora (Romero, 1988; Insuasty et al., 2005).

Morfologia. O fungo apresenta conidióforos hialinos, irregularmente ramificados, septados, lisos e curtos (Figura 6); bem como conídios escuros, retos ou levemente curvados, elipsoidais ou fusiformes que possuem seis células, sendo as células basais e terminais pontiagudas e hialinas, sendo que estas últimas possuem dois ou mais apêndices apicais hialinos (Romero, 1988; Insuasty e outros, 2005).

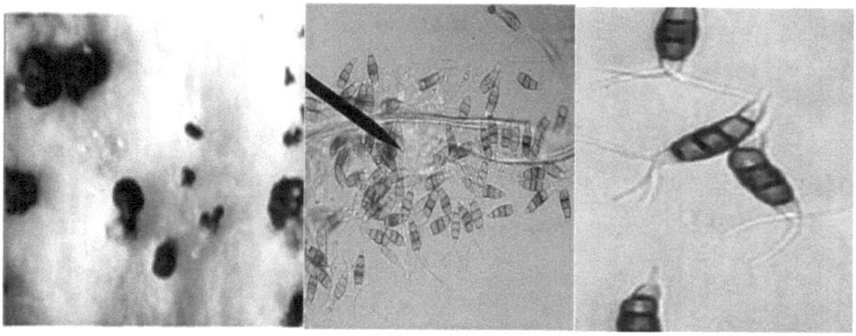

Figura 6. Acérvulos (10X) e conídeos (40X e 100X) de Q. micrósporo (Insuasty et al., 2005).

Ciclo biológico. Ele fungo produz acérvulos onde ELE forma o conídios que Eles são facilmente espalhados pelo vento e respingos de água da chuva. A presença de períodos de alta umidade relativa e/ou chuva durante o tempo seco favorece o desenvolvimento e a reprodução do patógeno (Figura 6); possui uma fase saprofítica que o ajuda a sobreviver em tecidos mortos por períodos prolongados. A penetração nos tecidos do hospedeiro é realizada através de feridas ou danos mecânicos (Insuasty et al., 2005; Anônimo, 2015a).

Epidemiologia . A incidência e severidade estão relacionadas à virulência do patógeno, bem como às densidades de plantio, condições ambientais favoráveis de alta umidade relativa, especialmente favorecidas pelo excesso de folhagem das plantas e. também a altitude mais alta. Por outro lado, existe a presunção de que este fungo esteja associado ao ataque de insetos sugadores ou raspadores (Arevalo et al., 2012). A infecção é mais grave em altas temperaturas (> 23 °C), maior umidade relativa (80%) e chuvas frequentes (>130 mm) (Flores, 2012).

Dano. Nos ataques muito severos, a infecção provoca a quebra dos frutos, o que provoca perdas económicas, que podem chegar a 70% no verão; ou superior a 95% durante a transição das estações do verão para o inverno ou do inverno para o verão, porque prevalece uma alta umidade relativa. Da mesma forma, a doença provoca queda prematura dos frutos, quando estão apenas no estágio inicial de desenvolvimento e os níveis de severidade na epiderme ultrapassam 60% da área afetada (Insuasty et al. , 2005).

Gestão Integrada. O controle de ervas daninhas limita a rápida propagação da doença; Eu também sei recomenda poda frutas infectadas e coletar o que são jogado e enterrá-los ou destruí-los; Da mesma forma, podar galhos improdutivos ou secos, pois são fonte de inóculo. Os compostos de cobre auxiliam no controle da doença (Flores, 2012).

Trichoderma spp . , foram utilizados extratos comerciais de plantas e fungicidas químicos para avaliar seus efeitos no crescimento do fungo. em condições laboratório, por esta razão, estas três estratégias de controle de doenças são amplamente descritas abaixo.

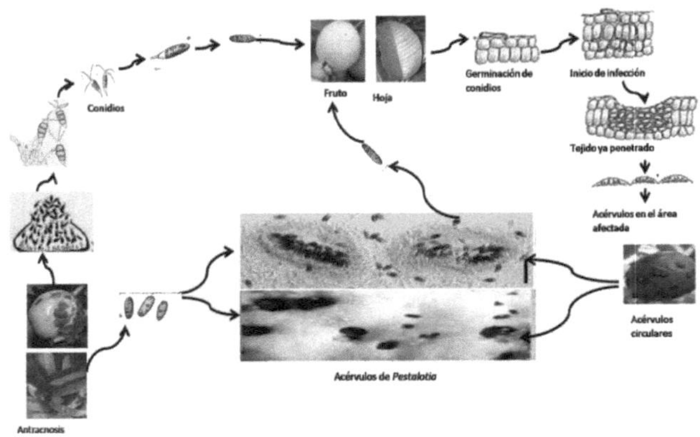

figura 7. ciclo biológico de Pestalotiopsis sp . (Adaptado de Insuasidade etc. al. , 2005).

4.2. Ao controle biológico de doenças por Tricoderma spp.

Fundo. O fungo Trichoderma é um dos mais utilizados no controle biológico de fitopatógenos foliares e de solo em diversas culturas; devido à sua onipresença, facilidade de ser isolado e cultivado em numerosos substratos, onde cresce rapidamente e não ataca plantas superiores (Ezziyyani , 2004). Além disso, os isolados nativos podem ser facilmente obtidos no solo onde a cultura cresce.

Mecanismos de ação. Atua competindo por espaço e alimento (substrato), também produz substâncias fungitóxicas, induz resistência através de fitoalexinas e infecta fungos patogênicos (Ezziyyani , 2004). Alguns desses mecanismos são descritos abaixo.

Competência . O falta ou limitação de a requisito (espaço e/ou nutrientes), causa competição entre microrganismos (Martínez et para o . , 2013). Então por exemplo ELE ha Foi relatado que o Trichoderma é um excelente competidor contra fungos que vivem no solo, como o Fusarium (Hernández et al., 2009).

Micoparasitismo. Este processo é complexo e ocorre em etapas de: Crescimento quimiotrófico, onde o Trichoderma consegue detectar à distância seus possíveis hospedeiros. Reconhecimento específico do substrato. Adesão e enrolamento devido à interação de açúcares de reconhecimento na parede do antagonista, com lectinas presentes na parede do patógeno. Atividade lítica , através de enzimas extracelulares , principalmente quitinases, glucanases e proteases, que degradam as paredes celulares do fungo e promovem a penetração das hifas de Trichoderma. O micoparasitismo envolve enrolamento, penetração, vacuolização, granulação, coagulação, desintegração e lise do micélio do patógeno; embora todos esses eventos aconteçam de forma interativa e dependam do patógeno, do isolamento do Trichoderma e das condições ambientais (Martínez et al., 2013). Foi relatado ele micoparasitismo exercitado por Trichoderma contra Fusarium, Rhizoctonia e outros patógenos (Harman et al., 2004).

Antibiose. Os metabólitos com atividade antifúngica secretados pelo Trichoderma são compostos voláteis (ácido harziânico) e não voláteis (viridina), com estrutura e função diversas, que inibem outros microrganismos, sem estabelecer contato físico (Martínez et al.,2013).Por exemplo, Trichoderma apresenta antibiose contra Pythium, Fusarium, Rhizoctonia, Cylindrocladium , Thielaviopsis, Sclerotinia sclerotium,Fusarium,Helminthosporium,Armillaria,Colletotrichum , Pseudoperonospora , Verticillium, Thielaviopsis e Rosellinia (Martínez, 2012).

Vantagens. Dentre as conveniências do uso deste cogumelo benéfico (Anônimo, 2015b), destacam-se:

- É eficiente para ele ao controle de doenças de pisos.
- Tem a largo faixa de Ação.
- Possui ampla capacidade de colonização e reprodução no solo, além de exercer controle duradouro sobre fungos fitopatogênicos.
- Ajudar a discriminação assunto orgânico, fazendo o nutrientes são convertidos em formas disponíveis para plantas; portanto, tem um efeito indireto na nutrição das

culturas.

- Estimula o crescimento das culturas porque secreta metabólitos que promovem o desenvolvimento das plantas.
- Acelera a decomposição e maturação do composto ou matéria orgânica que contém o fungo como agente biofungicida .
- Favores o proliferação de organismos benéfico em ele chão .
- Não precisa de intervalo de segurança para Colheita .
- Preservação do metade atmosfera por diminuir ele usar de fungicidas produtos químicos.
- diminui o custos de produção das colheitas.
- Ataque patógenos de o raiz (Pítio , Fusarium, Rizoctonia) e do folhagem (Botritis,

Colletotrichum, Alternaria).

- Melhoria absorção de água e nutrientes.
- Não é fitotóxico.
- Solubiliza nutrientes em ele chão para ele exploração de as plantas.
- Tome uma atitude como biodegradável de agrotóxicos .
- Protege o sementes e material propagativo de fitopatógenos.
- É compatível com micorrizas, Azotobacter e outros biofertilizantes.
- É amigável com outros microorganismos motoristas de pragas e doenças.

Desvantagens. Alguns desvantagens citado por Guédez et para o (2008), descrever próximo .

- Ignorância sobre o começo de esse método de ao controle biológico.
- Falta de apoiar econômico para o aquisição do produtos.
- Não esse facilmente disponível.
- ELE ter problemas com limiares económicos .

• Não agir igual contra todos o fungo fitopatógenos.

Taxonomia: Ele fungo biocontrolador presentes a seguinte taxonomia :

Anamorfo. A fase assexuada corresponde ao Trichoderma que pertence ao Reino: Fungos, Divisão: Deuteromycota , Subdivisão: Deuteromycotina , Classe: Deuteromycetes, Ordem: Moniliales e Família: Monileaceae (Romero, 1988; Michel, 2001).

Teleomorfo. Corresponde a Hipocrea , que está localizado no Reino: Fungos, Divisão: Eumycota, Classe: Ascomicetes, Ordem: Hypocreales e Família: Hypocraceae (Villegas, 2014).

Morfologia: As características das fases de reprodução sexuada e assexuada são apresentadas a seguir. Anamorfo (Trichoderma). De acordo com Gams e Bisset (1998), o micélio desenvolve fiálides espiraladas, em pares alternados ou dispostas irregularmente com as partes terminais alongadas e estreitas. As hifas podem ser largas e retas ou relativamente estreitas e flexíveis. Os conídios são globosos, elipsóides, cilíndricos, de parede lisa; com cores verdes, cinza, marrons, escuras ou claras. Os clamidósporos são comuns, com formato globoso ou elíptico, e posições terminais ou intercaladas, de coloração amarelada ou esverdeada e com 1-15 µm de diâmetro na maioria das espécies (Figura 8).

Teleomorfo (Hipócrea). A fase sexual é de natureza menos comum; Caracteriza-se por apresentar ascomas periteciais imersos em estromas com alta variabilidade morfológica, com ascósporos verdes ou hialinos formados em ascos tipicamente cilíndricos com ápice rombudo, às vezes levemente espessado, com 8 ascósporos bicelulares mono ou dimórficos, que se desarticulam na maturidade, deixando 16 esporos. por Asca (Kullning-Gradinger et al., 2002). Chaverri e Samuels (2003) verificaram que este grupo não é monofilético; ele não foi designado e valor da categoria taxonômica.

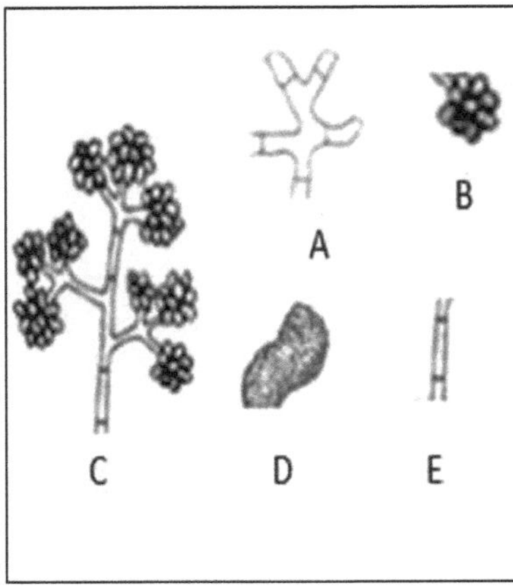

Tricoderma

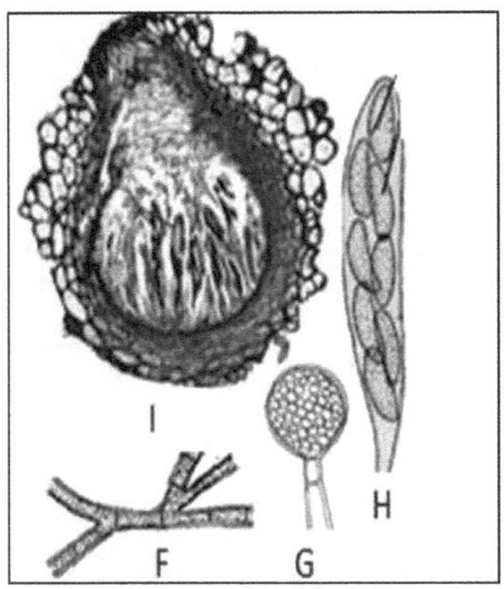

Hipócria

Figura 8. Morfologia do Trichoderma (esquerda): A) Micélio, B) Conídios, C) Conidióforos, D) Esclerócios, E) Fiálides e Hipócreas (direita): F) Hifas, G) Chlamydospora , H) Asca com ascósporos, I) Peritecio com ascos (Anônimo, 2014c).

Ciclo biológico. O clamidósporos são o estruturas de sobrevivência de Trichoderma spp . em condições adversas; Vive como saprófita no solo e na madeira. A umidade do solo (60%) faz com que o fungo passe do estado inativo para o estado ativo; mas em níveis mais elevados de saturação, a colonização e a sobrevivência diminuem devido à baixa disponibilidade de oxigênio; Da mesma forma, em pH ácido a reprodução do fungo aumenta (Figura 9) e coloniza as raízes das plantas para viver em simbiose (Villegas, 2014).

Produtos comerciais feitos com Trichoderma. Alguns produtos biológicos comerciais elaborados com Trichoderma spp. são apresentados na Tabela 1 .

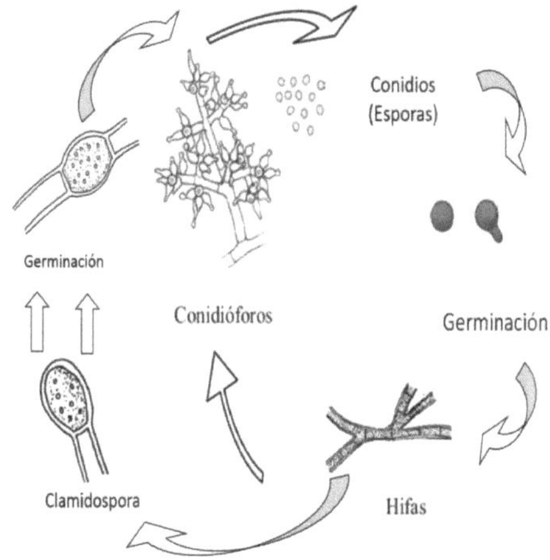

Figura 9. Ciclo biológico de Tricoderma (Villegas, 2014; Plancarte, 2014).

Gráfico 1. Produtos biológico comercial que Eles contém Tricoderma spp.

Ingrediente ativo	Nome comercial	Patógeno que controla
Trichoderma harzianum Rifai	BIOBEN	Phytophthora capsici Leonian.
	CONTROLE NATU	Phytophthora,Rhizoctonia ,Pythium,Sclerotinia,Sclerotium,FusariumyVerticillium
	PHC T- ® 22	Pythium, Rhizoctonia, Fusarium, Cylindrocladium, Thielaviopsis , Verticillium e Sclerotinia.
	TRICHO-SIN WP	Amortecimento, Fusarium
	TRICON	Sclerotinia, Helminthosporium , Armillaria, Colletotrichum, Pythium, Phytophthora, fusarium, Rhizoctonia e Pseudoperonospora .
Trichoderma spp .	espectro eu tricoto BIO	Rizoctonia, Fusarium, Pythium, Botrytis, Phytophthora, Sclerotium, Sclerotinia, Alternaria Colletotrichum Thielaviopsis, Armillaria e Roselinia .
Trichoderma virens (JHMill ., Gidde ns&A.A . Foster)Arx	RAIZ PHC	Fitóftora.

Fonte: Thomson (2012)

Descrição dos produtos com Trichoderma utilizados em pesquisas. Neste estudo foram selecionados os sete produtos descritos abaixo **:**

Bativa SENHOR . É um biofungicida seco e solúvel que previne o apodrecimento das raízes devido a fungos patogênicos. O produto contém Bacillus polymyxa Prazmowski altamente antagônico ao Fusarium; também B. subtilis Cohn e várias espécies do fungo benéfico Tricoderma; Estes competem com os patógenos por espaço e nutrientes na rizosfera; Eles também os parasitam e impedem seu crescimento, secretando toxinas. É um biorooter ; isto é, um estimulante do crescimento do sistema radicular porque contém bactérias e fungos benéficos que produzem hormônios de crescimento (giberelinas, citocininas), como B. megaterium Bary e Pseudomonas fluorescens Migula ; que, juntos com Trichoderma estimulam o crescimento do sistema radicular durante todo o ciclo de crescimento. cultura e são essenciais durante a emergência de mudas ou na recuperação de raízes danificadas. É um biofertilizante microbiano devido às suas bactérias fixadoras de nitrogênio e solubilizantes de fósforo; que fixam ou liberam elementos presentes no solo, mas que o pisos Não eles podem aproveitar. O microorganismos benéfico são complementado por bioestimulantes que promovem sua atividade biológica, aumentam a propagação de células e Os botões laterais também retardam o envelhecimento dos tecidos vegetais. O produto É composto por bactérias benéficas fixadoras de nitrogênio, que solubilizam o fósforo e produzir hormônios de crescimento vegetal e vitaminas (biotina, ácido fólico, B, B2, B3, B6, B7, B12, C, K); também contém aminoácidos, proteínas vegetais, extratos solúveis de mandioca (Yuccaschidigera L.) e algas marinhas (Ascophyllum nodosum L.); ácidos fúlvicos e derivados de leonardita (DEAQ, 2015).

Biobravo ® . É uma alternativa ao uso de fertilizantes químicos; contém microorganismos promotores de crescimento chamados biofertilizantes, como bactérias do gênero Azospirillum , os fungos micorrízicos do gênero Glomus, e o biocontrolador Trichoderma sp. Os fungos são importantes nas plantas porque estão associados a raízes, formam um sistema de transferência bidirecional, transportando nutrientes minerais e compostos orgânicos do solo. Azospirillum tem a capacidade de fixar o nitrogênio do ar, para uso da planta (DEAQ, 2015).

PHC T- 22® . É um fungicida biológico preventivo para o controle de doenças de inúmeras espécies de plantas. O ingrediente ativo é um microrganismo benéfico, T. harzianum Cepa T-22 (KRL-AG2), que pode ser aplicada no solo por gotejamento (DEAQ, 2015).

FITHAN. Seu princípio ativo é o T. fasciculatum com concentração de $1,3x10^{6}$ esporos por litro; É uma solução hidratante, este produto controla a podridão radicular, murchamento, afogamento, desenvolvimento de cancro e fungos ; Seu mecanismo de ação é o micoparasitismo. É aplicado no sistema de irrigação por gotejamento ou por aspersão com bomba (Carrasco, 2014).

T. asperellum (cepa Chilapa) . Esta cepa foi fornecida pelo laboratório de CEP-CSAEGro Fitopatologia. Ele se isolou originalmente de um Amostra de solo extraído de um campo cultivado com abóbora pipiana (Cucurbita argyrosperma Huber.), na cidade de El Refugio, município de Chilapa , Gro., para testar o efeito antagônico (antibiose) no crescimento de fungos fitopatogênicos que apodrecem os frutos deste cucurbitáceas .

T. asperellum (cepa Cocula) . Esta cepa foi fornecida, como a anterior, pelo Laboratório de Fitopatologia. Foi originalmente isolado de uma amostra de solo obtida no área agrícola do CEP- CSAEGro . Foi testado em várias investigações sobre controle biologia de fungos patogênicos. Por exemplo, Díaz (2013) obteve uma média de 100% de inibição de P. capsici Leonian.

Efeito do Trichoderma na Pestalotia . Observou-se que a aplicação de Trichoderma na dose de 80 g 100 L $^{-1}$ de água, com 60 mL de aderente e dispersante, controla com eficiência a doença causada pelo cravo-da-índia P. microspora (Flores, 2015).

Por outro lado, Ortiz (2015) comparou o efeito de diferentes cepas de Trichoderma em condições de laboratório, encontrando resultados favoráveis quando inibiu 100% as cepas de T.asperellum (cepa chilapa), Trichoderma spp e T. reesei , pois exerceram maior competição por espaço e nutrientes e interagiu diretamente com o patógeno (micoparasitismo).

Da mesma forma, Rayo (2014) realizou uma investigação com 5 tratamentos e 4 repetições comparando diferentes cepas de tricoderma , obtendo resultados favoráveis já que as cepas Bravo 1 e Bravo 2 são as que conseguiram inibir 100% e 50% do crescimento de a colônia. fungos, pois são bons para a competição de nutrientes.

4.3. doenças fúngicas

Fundo. A utilização de produtos naturais é tão antiga quanto a humanidade; São de natureza muito variada, desde substâncias biologicamente ativas de origem marinha, exsudados de raízes e metabólitos secundários obtidos de plantas, cujas propriedades e princípios ativos têm sido principalmente estudados, pois seu uso é uma alternativa para a produção de alimentos seguros e auxilia no equilíbrio entre meio ambiente, produção e o homem. ELE eles tentaram com sucesso em A luta contra doenças e pragas, extratos de nim (Azadirachta indica L.), alho (Allium sativum L.) e outros (Rosales et al., 2002).

Importância. São uma opção promissora para serem utilizados como fungicidas ou reguladores do desenvolvimento fúngico. fitopatógenos; iniciar quadro do agricultura sustentável, porque Os compostos obtidos das plantas são biodegradáveis, altamente eficazes, de baixo custo e não contaminam o meio ambiente (Martínez et al. , 2010).

mecanismos Ação. Deles propriedades antimicrobiano ELE eles devem para o efeito de metabólitos secundários, como alcalóides, óleos essenciais, polifenóis, taninos, saponinas, antraquinonas, flavonóides, terpenos, lectinas, polipeptídeos e fenóis. Por exemplo, a toxicidade dos fenóis é atribuída à inibição enzimática pela oxidação de compostos em microrganismos; Da mesma forma, os terpenos e os óleos essenciais causam a degradação de a membrana através de compostos lipofílicos; alcalóides intercalam-se com DNA; lectinas e polipeptídeos podem formar canais iônicos na membrana (González et al., 2008).

Tipos de produtos comerciais. Alguns exemplos de produtos orgânicos disponíveis no mercado estão descritos na Tabela 2.

Gráfico 2. Produtos comercial elaborado com extratos vegetais, para ele ao controle de fungos fitopatogênicos

Não.	produtos	Ativo de ingrediente	Patagônia que controla
1	AGRILIFE	Ácido ascórbico	Pythium de baryanum R. Hesse. e traduções botrite cinerea (De Bary) Whetzel.
2	PROGRÁNICO	Extraído sobre canela (innamon zeilânico L.)	R.solani Kühn, Fusarium spp. Pítio spp ., Oidium spp. Erysiphe spp .
3	PROGRÁNIC®	Extraído sobre take (A. indicar Apenas)	R. solani Fusarium spp. Pythium spp.
4	SÉDRIC 4 vezes	Mandioca (comida mandioca L.)	solani , Erwinia carotovora (Jones.) Waldee, Alternaria solani vesicatoria , P. capsici Leonian, Verticillum sp ., Sclerotinia sclerotiorum (Lib .) de Bary, Fusarium spp., Colletotrichum spp . , Alternaria spp . e Erwinia amylovora

			(Burrill) Winslow e para o.
5	CANOL®	Extrato de canela (C. zeylanicum EU.)	Oidium spp .
6	CAUDA DE CAVALO®	Extrato de linhagem de cavalo (Equisetum arvanse L.)	Phythophthora sp . , Oidium spp., Botrytis spp., Alternaria spp.y Pestalotia psidii Pat.
7	BIO 150 CITRUS®	Extrato de sementes de frutas cítricas	Ascochyta spp., Fusarium spp., Botrytis spp., Alternaria spp., Rhizoctonia spp . , Sphaeroteca spp ., Mycosphaerella sp . e Colletotrichum spp.
8	BIO 75 TOMOL®	Extrato de tomilho vermelho (Thymus vulgaris L.)	Ascochytaspp ., Fusarium spp., Botrytisspp ., Alternariaspp ., Rhizoctoniaspp ., Sphaerotecaspp ., Mycosphaerellaspp ., Colletotrichumspp ., Cercosporaspp ., Septoriaspp ., Stemphyliumspp ., Peronosporasp . e Pythiumspp .
9	Lecitina®	Lecitina de soja (Glycine max L.)	Puccina sp .
10	LIPPOIL®	Extrato de Lippia graveolens Kunth .	Erwinia sp., Míldio sp . , Alternaria sp. , Cercospora sp., Colletotrichum sp., Aspergilliu ssp.y Penicillium sp.
11	CINNOIL®	Extrato de Canela (C. zeylanicum L.)	Erwinia sp . , Míldio sp ., Alternaria sp. , Cercospora sp., Colletotrichum sp. Aspergílio sp.y Penicillium sp.
12	CAPSIOIL®	Extraído de Ajo (A. sativum L.), óleo do Chile (Capsicum anual L.) e de canela (C. zeylanicum L.)	Erwinia sp. , Peronospora sp. e Alternaria sp.

Fonte: Thomson (2012).

Descrição de o produtos usado em a investigação. Em ele presente estudar Foram utilizados seis produtos comerciais descritos abaixo.

CINÓIL. Produto que pode ser utilizado no manejo integrado de pragas e doenças, bem como na agricultura convencional devido à sua origem totalmente natural (Tabela 3). Quando pulverizado na folhagem, penetra através dos estômatos até o tecidos de dirigindo, protegendo completamente o plantar (Thomson, 2012).

Gráfico 3. Composição química de Cinnoil

Composição	% em peso
Óleo de canela (C. Cassia e c. zeeylanicum)	
Aldeído Cinâmico e Eugenol Nada menos que	50,0
Óleo de L. graveolens k L. e L. berlandieri l ..	15,0
Extrato essencial de alho Allium spp. Não menos de	10,0
Adjuvantes orgânicos Não menos de	10,0
Diluentes naturais Não há mais	10,0
Total	100,0

Fonte: Thomas (2012).

LIPOIL. Esse produtos pode ser usado em ele dirigindo integrado de pragas e doenças, Então como em a Agricultura convencional devido para dele origem completamente natural

(Tabela 4). É um bactericida e fungicida que, quando aplicado foliarmente , inibe a germinação de esporos e o desenvolvimento de fungos e bactérias fitopatogênicas. É utilizado no controle de doenças causadas por bactérias do gênero Xanthomonas sp . , Pseudomona sp. e Erwinia sp. **.,** (Thomson, 2012).

Gráfico 4. Composição química de LIPPOIL

Composição	% em peso
Óleo de L. graveolens L. e L.berlandiere L, nada menos que	40,0
Óleo de canela (C .cassia e zeylanicum) nada menos que	40,0
Adjuvantes orgânicos Não mais de	20,0
Total	100,0

Fonte: Thomson (2012).

CAPSIOIL. É a repelente e inseticida natural Elaborado majoritariamente para deixar de princípios ativos de alta concentração e pureza (Tabela 5); É muito eficaz para o manejo integrado de a largo conjunto de pragas. Pode ser usado apenas qualquer em mistura de pesticidas biológico qualquer produtos químicos, para melhorar a eficácia das aplicações; bem como na agricultura orgânica ou ecológica (Thomson, 2012).

Gráfico 5. Composição química de CAPSIOIL

Composição	% em peso
Óleo de pimenta c. frutescens L. e c. annuum L. Nada menos de.......	40,00%
Extrato essencial de alho Allium spp . Não menos de	30,00%
Óleo de canela (C. cassia e C. zeeylanicum) Nada menos que	20,00%
Adjuvantes orgânicos Nada menos que	10,00%
Total	100,00%

Fonte: Thomson (2012).

Gráfico 6. Composição química de NÃO Cinnoil

Composição	% em peso
Óleo de nim (TO . indica) Azaridactina não menos de	7,5
Óleo de canela (C. Cassia e c.zeeylanicum) Aldeidocinâmico e Eugenol Nada menos de menos de	40,0
Adjuvantes orgânicos Não menos de......	30,0
Diluentes Naturais Não há mais	22,5
Total	100,0

Fonte: Thomson (2012).

NEEM CINNOIL. É um pesticida botânico obtido da planta A. indica (Tabela 6). Pode ser pulverizado nas lavouras como substituto orgânico, em vez de inseticidas químicos; É eficaz na prevenção e controle de diversas doenças fúngicas como oídio, míldio, pinta preta, Botrytis, antracnose, ferrugem, mancha foliar, filoxera e Alternaria (Thomson, 2012).

BIOCINAMON. Atua como fungicida, bactericida e antiparasitário (Gráfico 7). Estimula o sistemas

Gráfico 7. Composição química de BIOCINNAMON

Composição	% em peso
Canela (C. zeylanicum).	30,0
Pimenta preta	20,0
Solventes, emulsões, adjuvantes e compostos relacionados	50,0
Total	100,0

Fonte: Thomson (2012).

Gráfico 8. Composição química de ALIOIL

Composição	% em peso
Extrato essencial de Alho Allium spp. Não menos que	90,0
Diluentes e condicionadores orgânicos Não há mais	10,0
Total	100,0

Fonte: Thomson (2012).

Defesa natural da planta e regeneração vegetativa, contra stress climático ou biótico. É eficaz em tratamentos preventivos contra oídio e ácaros, em doses de 200-250 mL L^{-1}, pol. Pulverizações foliares feitas no período da tarde com pouca radiação solar. Não deve ser misturado com produtos de reações alcalinas ou ácidas (Thomson, 2012).

ALIOIL. Inibe o crescimento de fungos fitopatogênicos (Tabela 8); foi comprovado que combate fungos: Penicillium italicum Wehmer, Aspergilus flavus Link. , Fusarium sp., R. solani , Alternaria sp., Colletotrichum sp ., Pythium sp. e outros (Thomson, 2012).

Efeito de extratos vegetais utilizados contra Pestalotiopsis e outros fungos. Há pouca informação sobre a utilização destes produtos orgânicos em culturas arvenses (in situ); Por exemplo, foi relatado que o extrato bruto etanólico obtido de folhas jovens de eucalipto (Eucaliptus globulus L.), em pulverizações quinzenais aplicadas na copa de goiabeiras, em doses de 8 mL L^{-1} de água, conseguiu reduzir a incidência de P. microspora em 94,7% (Insuasty et al., 2005).

Contudo, em condições de laboratório (in vitro), extratos de eucalipto, hortelã (Menta piperita L.) e cavalinha (Equisetum arvense L.) foram testados no desenvolvimento de colônias de P. microspora ; Verificou-se que o produto de eucalipto apresentou melhor controle, inibindo 80% do crescimento da colônia do fungo (Quijada e Gómez, 2005).Da mesma forma, constatou-se que o extrato de nim inibiu 100% o crescimento de P. microspora , e manteve sua residualidade por 9 dias em meio de cultura BDA (Rayo, 2014); enquanto em outro ensaio semelhante, foi relatado que o Reynoutria O extrato de sachalinensis (F. Schmidt) Nakai inibiu completamente (100%) o crescimento das colônias deste patógeno cultivadas em BDA (Ortíz, 2015). Em outros experimentos realizados com espécies de Colletotrichum, que é um patógeno da peças aéreo de o planta, como a Pestalotiopsis, é relatou que Plancarte (2014), testou diferentes extratos nas mesmas condições, obtendo resultados favoráveis com o extrato de lippia e canela.

4.4. Usar de fungicidas produtos químicos para verificar doenças

Fundo. A tecnologia da revolução verde promoveu a utilização de variedades melhoradas, a aplicação de grandes quantidades de água, fertilizantes e pesticidas para aumentar a produtividade agrícola. Desde então, os fungicidas sintéticos são os mais utilizados porque apresentam as vantagens de: aumentar a produtividade, têm ação rápida; Têm preços acessíveis; Eles são encontrados em diversas apresentações; São fáceis de obter nos mercados; Possuem amplo espectro de ação e são diversos princípios ativos (Avalos, 2014).

Vantagens . Os fungicidas sintéticos são os produtos mais utilizados porque apresentam as vantagens de: aumentar a produtividade, têm ação rápida; eles têm preços acessível; Eles são encontrados em diversas apresentações; São fáceis de colocar no mercado; Possuem amplo espectro de ação e são diversos princípios ativos (Avalos 2014).

Desvantagens . Ele usar irracional de esse método de ao controle de doenças, ha causou contaminação ambiental, efeito residual, toxicidade, desequilíbrio de pH do solo, resistência em fungos e problemas de saúde em humanos e animais; Portanto, a sua utilidade é atualmente questionada negativamente (Avalos 2014).

Mecanismos de ação na célula . O fungicida tem efeito direto na biologia do microrganismo; atua na estrutura da membrana celular dos fungos causando a perda do conteúdo celular e sendo responsável pela morte do fungo (Ayala, 2008). Por exemplo, o cobre interrompe o transporte de energia.

Classificação de fungicidas. Os fungicidas são classificados conforme segue, Tabela 9.

Fungicidas recomendados contra Pestalotiopsis. Não existe uma ampla gama de produtos químicos recomendados para o controle das espécies de Pestalotiopsis; no entanto recomenda a aplicação de produtos à base de cobre, Kasugamicina , Zineb e Mancozeb (Insuasty et al., 2005). Porém, considera-se que os fungicidas recomendados contra Colletotrichum também controlam o primeiro gênero de fungo; Alguns deles estão descritos na Tabela A-1.

Gráfico 9 . Classificação de o fungicidas por ele modo e o forma de ação.

Modo de ação	Classificação	Forma de ação
Distribuição (mobilidade na planta)	Protetores (contato)	Eles permanecem na superfície da planta onde são aplicados. Eles não apresentam nenhuma atividade de controle após a infecção. Eles exigem aplicações frequentes a cada 7 a 14 dias para proteger novas áreas de crescimento das plantas.
	Sistêmico	As plantas absorvem o fungicida através da folhagem ou raízes e geralmente o translocam para cima através do xilema e raramente para baixo através do floema. Eles oferecem controle após a infecção
	Translaminar	Eles penetram no lençol dele feixe em direção a ele. Em vez disso, eles são translocados localmente
No ciclo de vida do cogumelo	Preventivo	Está presente na planta como uma barreira protetora antes que o patógeno chegue e se desenvolva.
	Cura	Impede o desenvolvimento do patógeno nos tecidos vegetais; Eles são eficazes 24 a 72 horas após a infecção.
	Antiesporulant es	Previne o desenvolvimento de esporos. A doença continua a desenvolver-se mas o produto impede a libertação dos esporos.
Espectro de atividade	Unisite	Atividade fúngica contra um único ponto no metabolismo do fungo.
	Multisite	Afeta diferentes locais metabólicos dentro do fungo.

Fonte: Ayala (2008)

Descrição dos fungicidas utilizados nesta pesquisa. No presente estudo foram selecionados apenas seis fungicidas para avaliá-los in vitro contra o fungo P. microspora , causador da antracnose na goiaba; que são descritos abaixo.

Gráfico 10. Composição química de BENOMIL

Composição	% em peso
Ingrediente ativo :	
benomil :metil-1(butilcarbamoil) benzimidazol -2- ilcarbamato . Não menos que (equivalente a 500 g de ia kg-1)	50,0
Ingredientes inerte : Dispersantes , umectantes , secantes e diluentes . Não mais que	50,0
Total	100,0
Fonte: Thomson (2012)	

BENOMIL (benomil). É um fungicida com ação sistêmica e de contato; É residual; É aplicado como spray para prevenção e controle de diversas doenças fúngicas (Tabela 10) e é compatível com a maioria dos inseticidas e fungicidas comerciais (Thomson, 2012).

CERCOBINA (tiofanatometil). Tiocarbamato sistêmico com atividade fungicida, preventiva e curativa, de forma sistêmica e por contato em doenças causadas por fungo endo e ectoparasitas (Gráfico onze). O seu espectro de atuação é extraordinariamente amplo e inclui, entre outras, doenças produzido por

Gráfico 12. Composição química de MANZATE

Composição	% em peso
Ativo ingrediente:	
mancozebe: (produto da coordenação do íon zinco e etilenobisditiocarbamato de manganês).Nada menos de........................	80,0
(Equivalente a 800 g de ia kg- 1)	
Ingredientes inertes :	
adjuvantes, umectantes. Não mais de ..	20,0
Total	100,0
Fonte: Thomson (2012).	

Gráfico onze. Composição química de CERCOBINA

Composição	% em peso
Ativo ingrediente:	
Tiofanato metílico: Dimetil -4, 4-0-fenilenobis (3-tioalofanato). Não menos de ...	70,0
(Equivalente a 700 g de ia kg - 1)	
Ingredientes inertes :	
umectantes, dispersantes, impurezas ecompostos relacionados. Não mais	30,0
Total	100,0

Fonte: Thomson (2012).

Fungos do tipo Botrytis , antracnose, cladosporiose , triagem, Fusarium, Monilia, mosqueado, oídio, ferrugem e septoria (Thomson, 2012).

MANZATE (mancozebe) . É a fungicida de contato e preventivo; vem de a combinação do íon zinco com maneb (Tabela 12). É utilizado em doses de 0,5 a 1 kg dissolvido em 200 a 100 e 50 a 60 L de água ha $^{-1}$, para aplicação com equipamentos terrestres e aéreos, respectivamente. O uso exclusivo de qualquer fungicida pode levar ao desenvolvimento de raças resistentes de fungos que se manifestam como diminuição do nível de controle da doença (Thomson, 2012).

CUPRAVIT (oxicloreto de cobre). É um pó molhável (Tabela 13); agir contra diversas doenças; É incompatível com vários produtos alcalino. Deve ser aplicado preventivamente, antes que os primeiros sintomas apareçam ou sejam detectados; pode ser usado sem medo de induzir resistência em patógenos e permite que a colheita seja exportada (Thomson, 2012).

ZINEB (zinco etileno bisditiocarbamato) .a fungicida ditiocarbâmico

Gráfico 13. Composição química de CUPRAVIT

Composição	% em peso
Ativo ingrediente:	
Oxicloreto de cobre. Nada menos de..........	85,0
(Equivalente a 850 g de ia kg-1)	
Ingredientes inertes :	
Diluentes, hidratantes e dispersantes. Nada mais .	15,0
Total	100,0

Fonte: Thomson (2012).

Gráfico 14. Composição química de ZINEB

Composição	% em peso
Ativo ingrediente:	
Etileno Bis (ditiocarbamato de zinco). Nada menos que	80,0
(Equivalente a 800 g de ia kg - 1)	
Ingredientes inertes :	
Diluentes, hidratantes e dispersantes. Nada mais..	20,0
Total	100,0

Fonte: Thomson (2012).

Gráfico quinze. Composição química de CAPTÃO

Composição	% em peso
Ativo ingrediente:	
Eles capturam: N- (triclorometil) tio-4 ciclohexeno - 1, 2 dicarboximida. Nada menos ..	50,0
(Equivalente a 500 g de ia kg - 1)	
Ingredientes inertes :	
diluente, hidratantes, dispersantes e compostos relacionados. Não mais	50,0
Total	100,0

Fonte: Thomson (2012).

Formulado na forma de pó molhável, que se dissolve em água para ser aplicado em spray direto (Tabela 14). Este produto atua através do contato na prevenção e controle de doenças (Thomson, 2012).

CAPTAN (capitão). É um fungicida de contato. Sua composição química é mostrada no Gráfico quinze. Não é compatível com TIRAM (tirame), polissulfetos, compostos mercuriais , DIAZINON (diazinon), cal e óleos agrícolas; Não deve ser aplicado em horas de calor intenso ou quando a velocidade do vento for elevada. (Thomson, 2012).

Efeito de fungicidas químicos contra Pestalotiopsis . Esta doença pode ser prevenida com granulados foliar de produtos para base de cobre em dose de 300 para 400 g 100 L $^{-1}$ de água (López et al., 1994) .

Em estudos realizados em Hoya de Río Suárez para definir estratégias de controle para da doença, constatou-se que o uso da Kasugamicina (kasumin), produto fungicida, realizou um bom controle porque reduziu a progressão da doença nos frutos afetados, a incidência e a proteção dos frutos saudáveis. A frequência efetiva de aplicação é na dose de 3 mL L $^{-1}$ de água, até 30 dias antes da colheita. Em geral, para polvilhe um árvore de altura média de 3 m, ELE requer a pulverização de 1,5 L de solução fungicida (Insuasty et al., 2005).

López (1994) menciona que na região de Calvillo, Aguascalientes, a doença do cravo pode ser prevenida com a aplicação foliar de produtos à base de cobre, como Cupravit ® pH 85% (oxicloreto de cobre) em doses de 300-400 g 100 L $^{-1}$ de água ou Zineb® pH 80% (Zinco etileno bis ditiocarbamato) 80 pH, utilizando 120-180 g 100 L $^{-1}$ de água.

Prakash e Pandey (2007) destacam que na Índia o controle do cravo é conseguido com três ou quatro aplicações de oxicloreto de cobre 0,3%, com intervalos de 15 dias. Na Costa Rica, o combate a esta doença é feito com produtos derivados de cobre, carbamatos e benomil, após a floração.

Em testes "in vitro" observou-se que o oxicloreto de cobre a 50% na dose de 100g L $^{-1}$ de água Não reduzido ele desenvolvimento de Pestalotiopsis micrósporo, enquanto que ele Clorotalonil 75% nas doses de 50 e 100 g L $^{-1}$ de água, teve o melhor resultado, com base nesses resultados concluiu-se que o Clorotalonil, ou a combinação de mancozebe e metalaxil , mancozebe ou carbendazim, pode ser usado para controlar a doença (Ray et al., 2007). Kasar et al., (2006) avaliaram "in vitro" produtos fungicidas contra Pestalotiopsis microspora ; Concluíram que a mistura carbendazim + tiram foi a mais eficaz na inibição do desenvolvimento micelial, seguida pelo clorotalonil e mancozebe; enquanto carbendazim, metalaxil + mancozeby e oxicloreto de cobre não foram eficazes contra o patógeno.

V. MATERIAIS E MÉTODOS

5.1 Características do área de estudar.

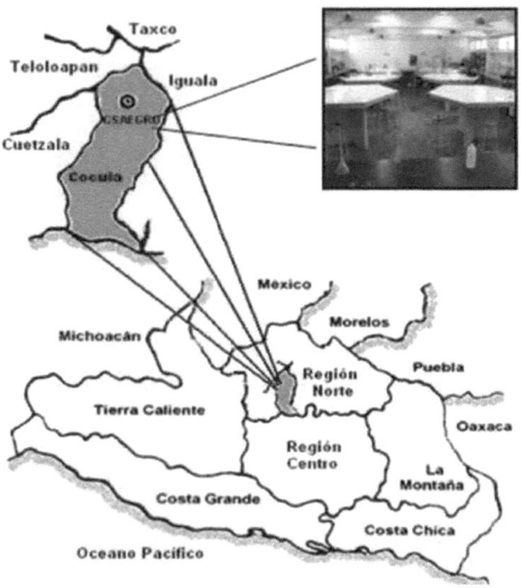

A presente pesquisa foi realizada no Laboratório de Fitopatologia do Centro de Estudos Profissionais da Faculdade Superior Agrícola do Estado de Guerrero (CEP- CSAEGro); localizado no quilômetro 14,5 da Rodovia Iguala- Cocula , entre as coordenadas 18º 14' 00" de latitude norte e 99º 40' 00" longitude oeste do meridiano de Greenwich; a 640 m de altitude (Figura 10). Em esse região predomina a clima tropical seco Awo (w) (i) g, com chuvas no verão. Precipitação e temperatura médias anual são de 797 milímetros e 26,4 ºC, respectivamente (García, 1973).

5.2 Amostragem em campo.

Amostras de frutos infectados de goiabeiras (Figura 11), em um pomar local de Tetipac , Gro. O material doente foi salvo em bolsas de papel e ELE transferido para o laboratório de Fitopatologia.

5.3 Isolamento e purificação do fungo.

Figura 10. Localização do lugar experimental.

Figura onze. Frutas infetado em plantar de goiaba

A técnica de câmara úmida foi utilizada para induzir a esporulação e/ou crescimento de micélio, em pedaços de tecidos doentes, utilizando o seguinte procedimento: Frutas infectadas HE foram lavadas com água e sabão, HE foram cortados pedaços de 0,5 mm 2 incluindo partes de tecido doente e saudável foram desinfetados com hipoclorito de sódio a 1% por 1 minuto, enxaguados três vezes em água destilado esterilizado, ELE eles colocaram cinco peças cerca de dois deslizar anteriormente inflamado, preparar em forma de cruzar sobre absorvente de papel umedecido com água destilado dentro de a caixa Petri; depois, esse Estava lacrado e etiquetado com dados sobre: nome, data e tipo de tecido; Foi incubado por 4 a 5 dias em temperatura ambiente (+28 °C) em laboratório (Figura 12).

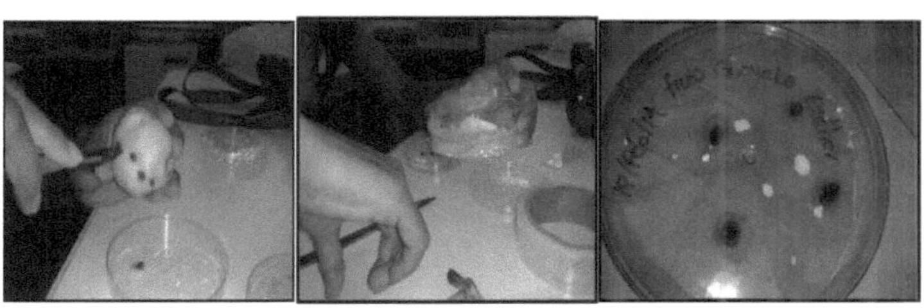

Figura 12. Preparação de Câmera molhado com tecido infetado, de fruta de goiaba, em caixa Petri.

Os pedaços de tecido infectado colocados nas câmaras úmidas foram examinados ao microscópio estereoscópico, foram localizados o micélio e os acérvulos do fungo; amostras foram coletadas de conídios e ELE preparado a suspensão de esses com água esterilizado em uma colina escavada; Uma amostra da suspensão foi transferida com alça bacteriológica e semeada na superfície do BDA; Foi incubado por 3 a 4 dias, a cultura foi inspecionada, foram localizadas pequenas colônias monospóricas; um foi selecionado, as pontas foram cortadas de hifas, ELE transferido para PDA e ELE pegou ele cortar monospórico do fungo (Tuite, 1969); que ELE preservado em a tubo de ensaio com PDA para use-o em ensaios subsequentes (Figura 7).

5.4. EU IA morfológico do fungo .

De o cepa monospórica ELE eles pegaram amostras de micélio e conídios, tornou-se uma preparação em lactofenol, foi colocada no microscópio composto e as características foram observadas de: forma, cor e septação de são estruturas (Figura 13), Então como o tipo de corpos frutíferos produzidos no meio de cultura; que serviu de base para identificar para o fungo, tirando como referência o chaves ilustrado de Barnett e Caçador (2000).

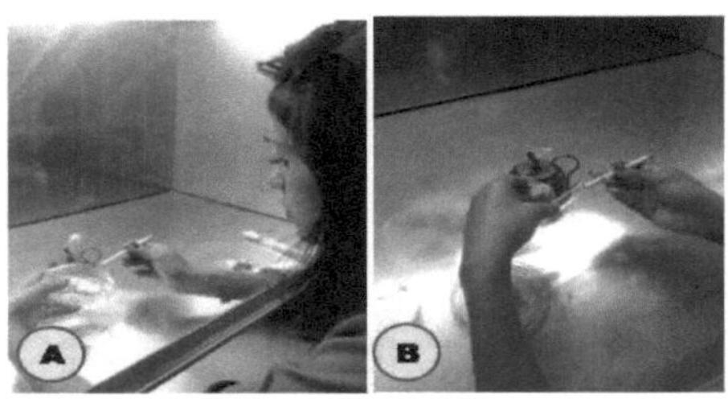

Figura 13. PARA) Semeadura do fungo em PDA e B) Transferir do fungo purificado para PDA em tubo de ensaio.

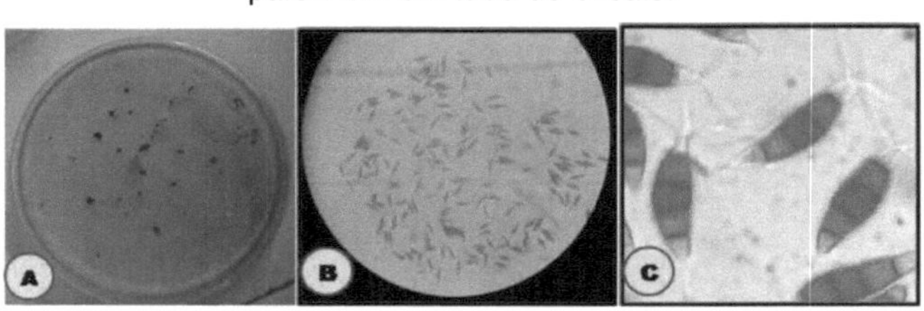

Figura 14. PARA) Fungo purifica9786139404391ado acervuli preto (PARA), conídios do fungo (b) (B : 40x; C:100x)

5.5. Identificação molecular do fungo. Da cultura monospórica foi realizada a extração de ácido desoxirribonucléico micélio, usando a amostra de cinquenta para 100 mg de micélio; foi utilizado o kit DNeas e MR (Qiagen, 2012); Foram realizadas 4 repetições. Eles foram realizados reações em corrente de polimerase (PCR) universal para fungo com os oligos ITS-1fu 5'-tccgtaggtgaacctgcgg-3' e ITS-4 5'-5tcctccgcttattgatatgc-3' de acordo com White et. al. , (1990); que amplificam um espaçador intergênico interno (ITS) gerando um produto de tamanho variável, aproximadamente entre 500 e 900 pares de bases (pb). Esta prática ELE realizado em a volume de 25 µL de uma mistura com amortecedor reação 1X , MgCl2 2 mM, dNTP 200 nM de cada, 20 pmol de cada oligonucleotídeo e 1 unidade por Taq DNA polimerase. O programa térmico consistia na manutenção uma temperatura para 94°C durante 2 min, Seguindo de 35 ciclos para 94-55-72 °C durante 30-30-60 segundos e extensão final de 5 minutos a 72°C. Os produtos das reações de PCR foram separados por eletroforese em géis de agarose para 1,5 %, e a bandas ELE eles observaram em transiluminador de luz ultravioleta da marca UVP e fotografadas. Os fragmentos amplificados por PCR eram sequenciado diretamente e ELE eles fotografaram. Eles foram comparados o resultados com o sequências disponível em ele banco de genes (Gen Bank) do Centro Nacional de Informação sobre Biotecnologia (NCBI) do Instituto Nacional de Saúde (NIH) dos EUA através de um BLAS (Díaz et al., 2015).

5.6 Prova de patogenicidade.

Para verificar a patogenicidade do fungo isolado foram realizados os postulados de Koch, utilizando os seguintes materiais e técnicas de inoculação:

Cortar de fungo. O Colônia do fungo cultivado em PDA tive a idade aproximado de 1 mês, em onde ELE eles observaram acérvulos com massas escuras de conídios.

Frutas saudáveis. Estes foram obtidos de um pomar livre de doenças. Foram levados ao laboratório, primeiramente a bandeja foi desinfestada com auxílio de algodão com álcool onde seria colocada ; em o fundo ELE colocada a camada de algodão (Figura 13), que foi umedecido borrifando-o com água destilada para manter umidade favorável à infecção fúngica. Os frutos sadios foram lavados com água e sabão, limpos com álcool (96%) e levemente expostos à chama do isqueiro para garantir a desinfecção completa do epicarpo.

Folhas saudáveis. Foram coletados no mesmo pomar de onde foram obtidos os frutos, foram escolhidos o que eram avançar saudável sem dano qualquer sintomas de o doença, eles levaram para o laboratório e ELE realizado ele mesmo procedimento de limpeza que em o frutas.

A. Técnicas de inoculação em frutas. ELE realizado como ELE indica para continuação

Tratamento 1: Feridas com soco. Foi utilizado um punção de 0,7 mm de diâmetro. diâmetro, ELE pressionado e vez suavemente para corte e retirar papel do epicarpo em 4 lados (pontos cardeais); em cada orifício ELE inoculado com a disco (0,7 milímetros de diâmetro) de PDA+fungo (Figura 15). Foram feitas 4 repetições.

Tratamentos de controle 1: perfurações. As feridas nas 4 faces do fruto foram feitas com socos; Discos de BDA (somente meio de cultura) de igual diâmetro foram cortados e colocados cobrindo as feridas nos 4 locais (Figura 15). Foram feitas 4 repetições.

Tratamento 2: Ferimentos com agulha de dissecção. ELE eles fizeram com agulha inflamado, feridas em 4 locais (pontos cardeais) do fruto; Uma suspensão de micélio e conídios foi preparada em água destilada estéril; Para isso, utilizou-se uma lâmina para raspar a superfície do BDA e retirar a colônia do fungo, transferiu-se para um béquer e mediu-se o volume. para cinquenta mL, ELE pegou 1 mL, ELE colocada a amostra em o Câmera de Neubauer e ELE determinou o concentração de 6.8 x 10^{6} conídios por mL; por durar, ELE polvilhado com pulverizador manual (1 L) o inóculo do fungo, cobrindo completamente o epicarpo do fruta (Figura 15). Foram feitas 4 repetições.

Tratamentos controle 2: Feridas com agulha de dissecção. Foram feitas feridas em 4 locais do fruto (pontos cardeais) e borrifada água destilada estéril com borrifador manual, cobrindo todo o fruto (Figura 15). Foram feitas 4 repetições.

Tratamento 3: Pulverização de suspensão de conídios. A suspensão do inóculo contida no atomizador foi pulverizada cobrindo completamente os frutos sadios (sem feridas) (Figura 15). Foram feitas 4 repetições.

Tratamento controle 3: Pulverização de água destilada estéril. Com pulverizador manual, foi pulverizada apenas água destilada estéril. Foram feitas 4 repetições.

Tratamento 4: Inoculação com PDA+ fungo. ELE eles cortaram com ele soco , discos 0,7 cm de diâmetro, de o Colônia de fungo cultivado em PDA; ELE inoculado depositar o inóculo na superfície do fruto em 4 pontos cardeais (Figura 1). Foram feitas

4 repetições .

Tratamento testemunha 4: Inoculação com PDA. ELE eles cortaram com ele soco , discos de

0,7 cm de diâmetro, de metade de cortar PDA (sem fungo); depositado sobre a superfície do fruta em 4 pontos cardeal (Figura 1). eles fizeram 4 repetições (Figura 15). Todas as frutas foram colocadas sobre a camada de algodão dentro da bandeja; isso foi coberto com plástico transparente por 72 horas para Favor o infecção do fungo.

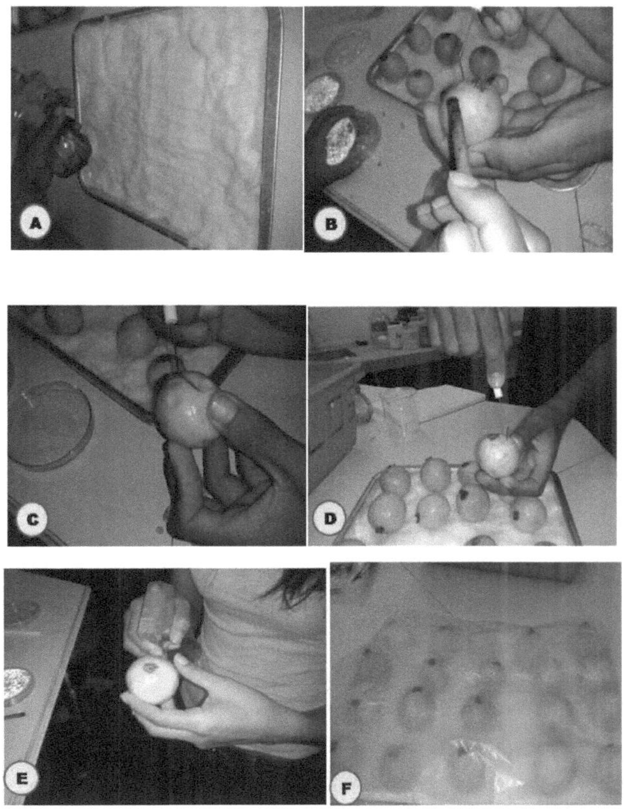

Figura 15. A) Colocação do algodão na bandeja. B) Colocação do BDA no fruto C) Fungo em fruto com feridas de soco D) Fungo em ele fruta com ferimentos de o agulha E) Aspersão de o suspensão de inóculo YF) Bandeja com frutas coberta com plástico.

B. Técnicas de inoculação em folhas. ELE realizado ele procedimento que ELE descrever próximo :

Tratamento 1: Ferimentos com deu um soco Com ele soco de 0,7 milímetros de diâmetro, pressionado e vez suavemente para corte e retirar ele tecido, em três sites do feixe de a folha; onde foram inoculados pedaços de mesmo tamanho, do fungo PDA+, que foram fixados com fita adesiva (Figura 16). Foram feitas 4 repetições.

Tratamento testemunha 1: Ferimentos com deu um soco Com ele soco ELE curto ele tecido em três sites do feixe de o folha; em onde ELE eles colocaram peças do mesmo tamanho, apenas de BDA (sem fungo), os quais foram fixados com fita adesiva (Figura 16). Foram feitas 4 repetições .

Tratamento 2: Ferimentos com agulha de dissecção. ELE eles fizeram com agulha inflamado, feridas em ele feixe de o folha; e sobre são ELE eles colocaram peças de PDA + fungo , que foram fixados com fita adesiva (Figura 16). Houve 4 **Tratamento Controle2: Feridas com agulha dissecante.** Eram feitas com agulha inflamada, feridas na parte superior da folha; e sobre eles foram colocados pedaços apenas de BDA sem fungo (Figura 16). Foram feitas 4 repetições .

Tratamento 3: Inoculação com pulverização de conídios. A suspensão do inóculo foi pulverizada com atomizador sobre ele limbo de folhas saudável sem ferimentos (Figura 16). Eles fizeram 4 repetições.

Tratamento controle 3: Pulverização de água destilada estéril. Isto foi pulverizado com um borrifador sobre ele limbo de folhas saudável sem ferimentos (Figura 16). eles fizeram 4 repetições.

Tratamento 4: Inoculação com BDA + fungo. Foram cortados discos de PDA + cogumelo, foram colocados 4 discos sobre ele feixe de o folha sem ferimentos (Figura 16). ELE eles fizeram 4 repetições.

Tratamento testemunha 4. Aplicativo de PDA. ELE eles cortaram discos de PDA puro sem fungo, foram colocados 4 discos na parte superior da folha sem feridas (Figura 16). Foram feitas 4 repetições. Todas as folhas foram colocadas sobre a camada de algodão dentro da bandeja; esse ELE abordado com plástico transparente por 72 horas para Favor o infecção do fungo.

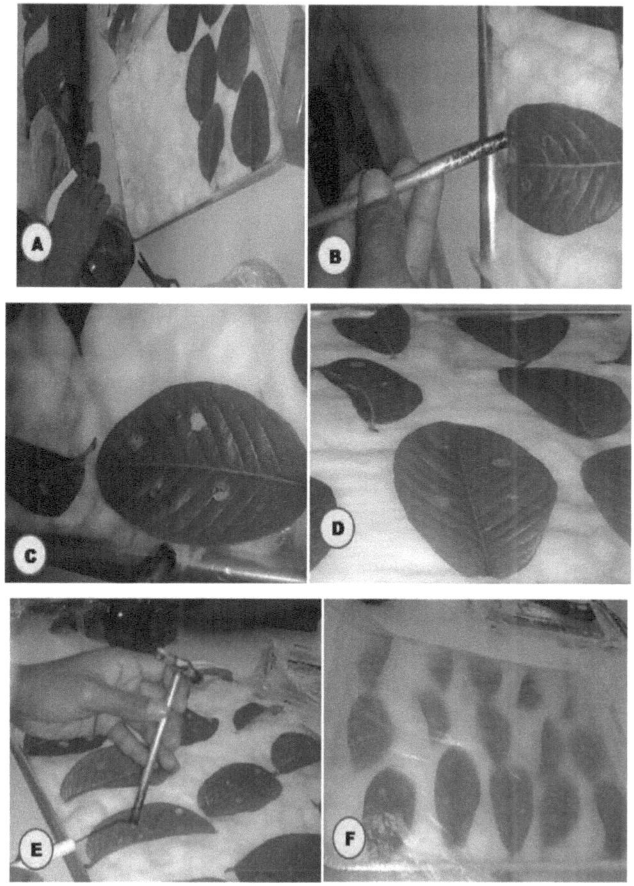

Figura 16. PARA) Colocação de folhas sobre algodão em o bandeja. B) Colocação do PDA em o folha C) Fungo em Folha com perfurações D) Fungo na folha com feridas de agulha E) Pulverização da suspensão do inóculo e F) Bandeja com folhas cobertas com plástico.

5.7 Ensaio I. Efeito de Trichoderma spp. metabólitos contra o fungo associado ao cravo-da-índia da goiaba.

Tratamentos. O tratamentos avaliado ELE descrever em ele Gráfico 16 .

Obtenção de cepas de Trichoderma spp. Todas as espécies testadas neste experimento foram preparadas em cultura pura, utilizando a seguinte metodologia:

Isolamento e identificação da cepa nativa. No pomar onde foram colhidos os frutos doentes; Também foi obtida uma amostra 500 g de solo para isolar a tensão nativo de Trichoderma sp ., com o técnica de diluição no prato (caixa Petri) descrita por Tuite (1969), que consistiu em pesar 1 g de solo e transferi-lo para um tubo de ensaio com 9 mL de água destilado esterilizado, ELE mexido vigorosamente para homogeneizar o amostra, ELE levou 1 mL e ELE passado para o segundo tubo com 9 mL de água, agitada novamente, transferiu-se 1 mL para o terceiro tubo, este também foi agitado, em seguida foi retirada uma alíquota de 1 mL e distribuída com bastão de vidro sobre a superfície do BDA solidificado; foram feitos três repetições; Foi incubado durante 4 a 5 dias à temperatura ambiente. + 28°C em laboratório; As caixas foram inspecionadas, foram localizadas colônias esverdeadas com características de Trichoderma; de um deles ELE eles levaram pontas de hifas (Singleton et al., 1992) e foram transferidos para BDA em placa de Petri (Figura 14), para obtenção do fungo benéfico em cultura pura, que foi preservado em BDA em tubo de ensaio.

Gráfico 16 . Tratamentos usado em ele Ensaio Ei

Nº de tratamento	Tratamento ou produto comercial	Ativo de ingrediente
T1	Testemunha	-
T2	Trichoderma sp . (cepa nativa Tetipac)	-
T3	T. fasciculado Bisset	FITHAN
T4	T. reesel Simmons	, BACTIVA
T5	T. asperellum (cebola Chilapa)	Chilapa
T6	Trichoderma sp.	BIOGRAFIA
T7	T. asperellum (cebola)	Cúcula

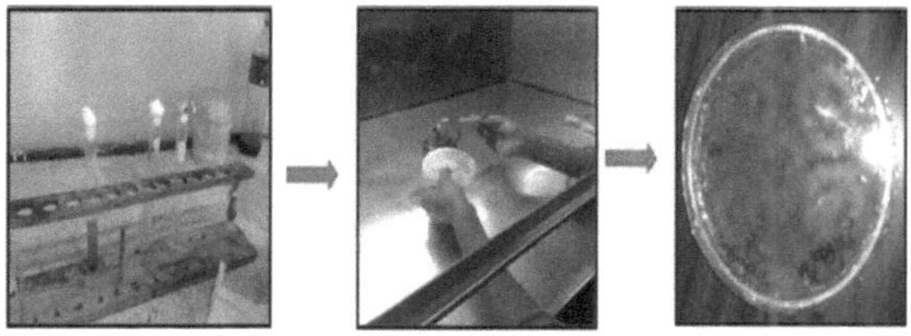

Figura 17. Isolamento e purificação de o variedade nativo de Tricoderma sp.

Para realizar a identificação desta cepa nativa foi feito um preparo em lactofenol, da colônia fúngica purificada, foram observadas no microscópio composto as características morfológicas de micélio, conidióforos, fiálides, conídios e clamidósporos, e o fungo foi identificado em nível de gênero, utilizando as chaves de Barnett e Hunter. (1998) e Watanabe (2000).

Isolamento de cepas comerciais. Cepas do Natu-Control (T. harzianum cepa BK-Th001) e produtos PHC ROOTMATE (T. virens); que foram ativados e purificados por meio do técnica (diluição na placa) descrito anteriormente e ELE mantido em PDA em tubo de ensaio.

Cepas de laboratório. Foram utilizadas duas cepas de T. asperellum (Chilapa e Cocula) , as quais são mantidas em BDA em tubo de ensaio refrigerado, no laboratório de Fitopatologia. Eles foram reativados cultivando-os em PDA.

Preparação de PDA. O BDA previamente preparado foi liquefeito, foram adicionadas doses de 20 mL por tubo de ensaio de 50 mL de capacidade (42 tubos); Sobre ele foi colocada uma tampa de algodão, que foi coberta com outra de papel alumínio presa por um elástico. Todos os tubos foram colocados em uma grade dentro da panela de pressão, esterilizados a 15 libras/polegada ^{2} ; os tubos foram esvaziados. 20 mL de BDA de cada tubo da placa de Petri; O meio foi deixado esfriar e solidificar utilizando a técnica do papel celofane.

Figura 18. Unidade experimental (caixa Petri)

Técnica de papel celofane. papel foi usado celofane comercial doce; foi cortado em círculos 9 cm de diâmetro, igual à superfície da placa de Petri; foi esterilizado junto com os tubos de ensaio, um pedaço foi colocado na superfície do PDA na caixa. Por outro lado, foram utilizadas culturas puras de Trichoderma spp., com 5 dias de idade, das quais com punch de 0,5cm de diâmetro, discos da colônia fúngica, foram colocados no Centro de o superfície do metade em a Caixa; ELE incubado 48 horas, ELE removido prender lentamente o papel com a colônia de Trichoderma spp ; com a finalidade de se manter difundido no meio de cultura, o metabólitos secundário produzido às 10 cm. 2,0 cm. o cogumelo benéfico e, imediatamente, experimentar o efeito de eles sobre ele patógeno, em o mesmo caixa, ELE eles colocaram discos de PDA (0,5 cm de diâmetro) + fungo, ELE incubado à temperatura ambiente de + 28°C, em laboratório e o crescimento micelial do patógeno foi medido a cada 24 horas, por tratamento.

Projeto e unidade experimental. Os sete tratamentos foram distribuídos em uma mesa em laboratório, segundo delineamento experimental inteiramente casualizado com seis repetições. A unidade experimental foi uma placa de Petri de 10 cm de diâmetro e 2,0 cm de altura (Figura 18).

Variáveis do estudo. Para conhecer o efeito dos tratamentos avaliados no desenvolvimento da colônia do fungo investigado, foram medidas as seguintes variáveis de resposta :

Diâmetro da colônia do fungo . ELE eles fizeram Medidas cada 24 h, durante 10 dias (240 horas). Percentagem de inibição de o Colônia do fungo. ELE Cálculo com o equação. $\%$ inibição = $(D_1 - D_2) / D_1) 100$ Onde:

D_1 = diâmetro da colônia do patógeno crescendo em caixas com BDA (controle) D_2 = diâmetro de o Colônia do patógeno crescente em o caixa Petri com PDA, onde anteriormente ELE desenvolvimento Tricoderma spp ., sobre ele papel celofane e liberou enzimas e metabólitos secundários em meio de cultura.

estatística . Nos dados do diâmetro das colônias do fungo onde foram observados valores de zero, Eles fizeram transformações usando a fórmula: $\sqrt{\ + 0,5}$ (Reyes, 1981); depois ELE realizado ele análise de variação, usando ele pacote estatística Estatística

Análise Sistema (SAS, 2014), de acordo para o projeto experimental completamente para o aleatório (aço e Torrie, 1998) e ele modelo estatística seguindo:

$E_{ah} = \mu + \text{você}_{eu} + e_j$

Onde:

$E\ eu_j$ = Resposta de o j° unidade Experimente com ele i - thtratamento .

Ei	=	Subscrito de tratamento
j	=	Subscrito de repetição
μ	=	Média geral
você eu	=	Efeito do i-ésimo tratamento
ej	=	Erro experimental da j-ésima repetição do i-ésimo tratamento

As variáveis que apresentaram efeito significativo dos tratamentos foram submetidas a um teste de comparação múltipla de médias pelo método de Tukey (as; 0,05).

5.8. Ensaio II. Efeito de extratos vegetais contra ele fungo associado para o unha de A goiaba

Tratamentos. ELE eles avaliaram o tratamentos apresentado em ele Gráfico 17.

Preparação de BDA com extrato vegetal. A dose de cada extrato vegetal foi medida e colocada no fundo da placa de Petri; Em seguida foram adicionados 20 mL de BDA, agitado suavemente para homogeneizar a mistura e o meio de cultura foi deixado esfriar e solidificar; O fungo foi plantado no centro da caixa com PDA; Foi incubado em temperatura ambiente de + 28 ^{O} C em laboratório e o crescimento do fungo foi registrado a cada 24 horas (Figura 16).

Gráfico 17 . Tratamentos com extratos vegetais usados em ele Ensaio II

Não.	Tratamento e Nome Comercial	Ativo de ingrediente	Dose*	
			mlL - 1	mL20mL -1 de BDA
1.	Testigo	-	0	0
2.	Cinnoil	Cinnamomuncassia L. e C. zeylanicum L.	5 – 10	0,2
3.	CAPSIOIL	Allium sativumL.y C. zeylanicum L.	5 – 10	0,2
4.	LIPPOIL	Lippiagraveolens Kunth e L. berlanderi Schauer .	5 – 10	0,2
5.	CANELA BIO	C. zeylanicum L.	5 – 10	0,2
6	EXTRATO EM NEEM	Azadirachta indica A. Juss .	10 – 20	0,4
7	EXTRATO DE AJO	Allium sativum L.	10 – 20	0,4

Observação. O fungicidas ELE eles usaram em o dose recomendado por ele criador (DEAQ, 2015)

Projeto e unidade experimental. Os sete tratamentos foram distribuídos em uma mesa no laboratório, o desenho experimental e a unidade experimental foram semelhantes aos indicados no Ensaio I (Figura 18 e 19).

Variáveis de estudo . Para conhecer o efeito dos produtos orgânicos no desenvolvimento do fungo patogênico, foram utilizadas as mesmas variáveis descritas no Ensaio I.

Estatística análise . Foi realizado da mesma forma que no Teste I.

Figura19. Distribuição dos 7 tratamentos com6 repetições em um projeto experimental completamente aleatório.

5.9. Ensaio III. Efeito de fungicidas produtos químicos contra ele fungo

Tratamentos de patógenos . Foram avaliados os tratamentos indicados na Tabela 18.

Gráfico 18. Tratamentos fungicidas produtos químicos usado em ele Ensaio III

Não.	Fungicidas		Dose	
	número comercial	Ativo de ingrediente	ha*	20mL -1 de BDA
1.	TESTEMUNHA	-	-	-
2.	BENOMIL	benomil	60 – 90g	0,012g
3.	CERCOBINA	tiofanato metílico	50-90g	0,06g
4.	CARNE 200	mancozebe	1,5 – 3kg	0,03g
5.	CUPRAVIT	sulfato de cobre	1 kg	0,2g
6.	ZINEB	etileno Bis ditiocarbamato de zinco	1 kg	0,2g
7.	CAPTÃO	eles capturam	250 – 350g	0,05g

Observação. O fungicidas ELE eles usaram em o dose recomendado por ele criador (DEAQ, 2015)

Preparação de BDA com fungicida. A dose de cada fungicida foi pesada e colocada no fundo da placa de Petri; Em seguida foram adicionados 20 mL de BDA, agitado suavemente para homogeneizar a mistura e o meio de cultura foi deixado esfriar e solidificar; o cogumelo foi plantado no centro da caixa com o PDA; Foi incubado em temperatura ambiente de + 28 ^{O} C em laboratório e o crescimento do fungo foi registrado a cada 24 horas.

Projeto e unidade experimental. Os sete tratamentos foram distribuídos em uma mesa em laboratório (Figura 16), foi utilizado o mesmo desenho e unidade experimental do Teste Ei.

Variáveis de estudar. ELE eles mediram o eles mesmos variáveis descrito em ele Ensaio Ei.

Análise estatístico. ELE realizado como ELE indiano em ele Ensaio Ei.

VI. RESULTADOS E DISCUSSÃO

6.1 EU IA de Pestalotia Speg micrósporo .

Morfológico. Do amostras de frutas com lesões necrótico, isolado, purificado e identificado em nível de gênero Pestalotiopsis (= Pestalotia) que é caracterizado pelo desenvolvimento de micélio branco algodoado, que quando maduro produz abundantes acérvulas pretas em arranjo radial aleatório ou em círculos concêntricos (Figura 20A), na superfície do PCA. Possui conídios com 5 septos, de cor esbranquiçada, mas quando as células maiores da parte central envelhecem, tornam-se escuras. Os conidióforos hialinos, irregularmente ramificados, são septados, lisos e curtos; Produzem conídios escuros, retos ou levemente curvados, elipsoidais ou fusiformes (Figura 20B e 20C), que possuem seis células, sendo a basal e terminal hialino; o último deles é pontiagudo com dois ou mais apêndices apicais hialinos. Estas características morfológicas são semelhantes às descritas para o gênero Pestalotia por Barnnett e Hunter (1998). Molecular. ELE conquista o amplificação do ADN de fungo com ambos jogos de primeiro: DSTs e fator de alongamento, obtendo tamanho de 550 a 615 pares de bases (pb) (Figura 21). Ao comparar as sequências obtidas no presente trabalho com aquelas disponíveis no GenBank, foram encontradas 99 semelhanças com sequências de P. microspora relatadas anteriormente (Quadro 19). As seqüências baseadas no gene do fator de alongamento foram precisas no ID ao nível de espécie; esse resultado corroborou a veracidade da identificação morfológica.

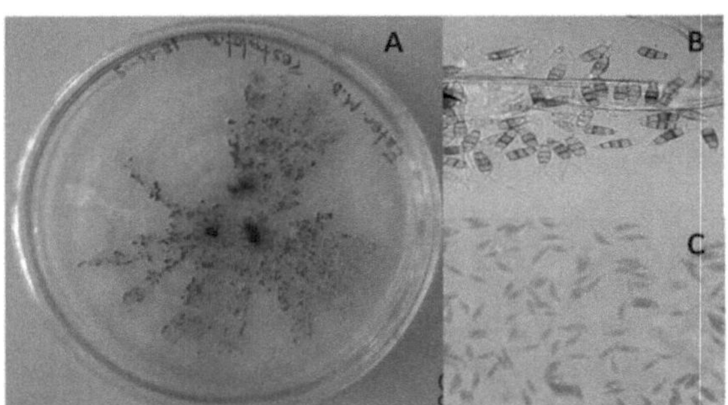

Figura vinte. PARA) Colônia de P. microspora em PDA, B) Conídios observado para o microscópio 100X, e C) Conídios observados ao microscópio 140X.

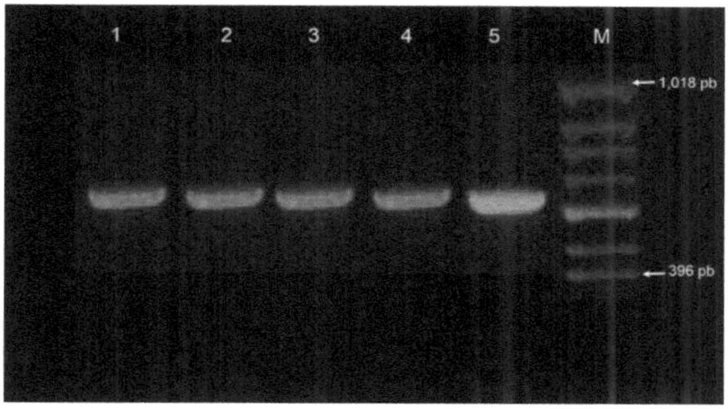

Figura 21. Amplificação por PCR do factor de alongamento (pistas 1 a 4) e da região ITS (pista 5) obtidos a partir de ADN de isolados de P. microspora. M= Marcador de peso molecular. As setas apontam para o tamanho do marcador de peso molecular.

Gráfico 19. EU IA por PCR-IST de genes ribossômico do fungo isolado de frutas de goiaba (psidium goiaba

L.) based in the comparison of their sequences with the base of data of the national Center for Boitechnology Information®

ID molecular index of similarity (%) Accession	
P. microspora	99 JK436800.1
P. microspora	99 AY924266.1
P. microspora	99 DQ001002
P. microspora	99 HM595547.1

®GenBank2015.

6.2 Prova de patogenicidade (postulados de Koch)

Este teste permitiu verificar que o isolamento purificado de P. microspora é patogênico, pois provoca o sintomas típica de antracnose quando ELE inocular em frutos e folhas saudáveis de goiaba (Figura 22). Verificou-se que a maior severidade da doença se desenvolveu em frutos e folhas inoculadas com BDA + fungo em tecidos com feridas por punção em frutos e em folhas com feridas por agulha de dissecação; da mesma forma, o Os sintomas levaram de 10 a 15 dias para se desenvolverem nas folhas inoculadas sem feridas. Os frutos e folhas utilizados como tratamentos controle, como esperado, permaneceram saudáveis. O reisolamento do fungo realizado a partir do tecido infectado artificialmente, apresentou as mesmas características do isolado originalmente inoculado, o que cumpriu o protocolo dos postulados acima mencionados (Bauer, 1984). Os sintomas apresentados nas folhas com feridas foram semelhantes aos obtidos por Keith et al. (2006) que relataram que a maior incidência ocorreu 19 dias após a inoculação.

Figura 22. Sintomas de antracnose em fruta e folhas

6.3 EU IA de o variedade nativo de Tricoderma sp.

Das amostras de solo, Trichoderma sp. foi isolado, purificado e identificado, cujas colônias ELE caracterizar porque Apresentam micélio esbranquiçado, crescendo rapidamente e, à medida que amadurecem, formam abundantes almofadas de ar verdes de conídios; sustentados por conidióforos hialinos, altamente ramificados, não espiralados, com fiálides individuais ou agrupados em pequenos aglomerados terminais e às vezes forma argolas concêntrico (Figura 23). Os conídios são ovóides, hialinos e unicelulares. A superfície da colônia é inicialmente branca como algodão, com o passar do tempo começa a esporular abundantemente na zona periférica, exibindo massas de conídios de cor branca, que depois voltam a verde acinzentado. Estas características morfológicas observadas coincidem com as mencionadas para Trichoderma sp. por Barnett e Hunter (1998) e Wantanabe (2002).

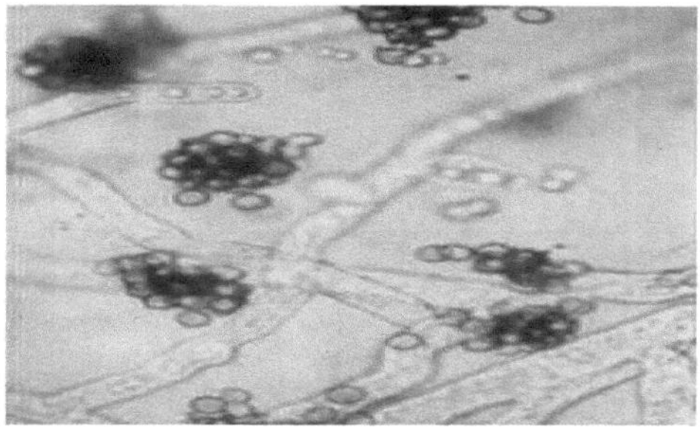

Figura 23. conidióforos, micélio e esporos agrupado em massas da cepa nativa de Trichoderma sp. (100x).

6.4. Ensaio I: Efeito de Trichoderma spp. metabólitos contra o fungo associado ao cravo da goiaba

Os dados deste teste em cada uma das avaliações são apresentados na tabela A-9 a A-18 do apêndice. A variável de estudo apresentou evidências altamente significativas ($P<0,0001$) em todas as datas de medição do crescimento das colônias do patógeno (Tabela vinte). O Cepas de T. reesei e T. asperellum (Variedade Cócula), inibido completamente o crescimento de P.microspora; em todas as datas de amostragem porque os metabólitos dessas duas espécies mantiveram sua maior eficácia na inibição do patógeno desde o início do ensaio até a última data de avaliação, realizada 10 dias após o término do experimento (Tabela 18). No tratamento controle o fungo cresceu a uma taxa de 0,835 cm dia $^{-1}$ (Figura 22). Ao final do ensaio, nos tratamentos T. asperellum (cepa Chilpa), Trichoderma sp., (cepa Tetipac), T. fasciculatum e Trichoderma sp., Médias de 6,38, 6,35, 4,30 e 7,35 cm de diâmetro foram obtidas das colônias de P. microspora, respectivamente (Tabela 18). As espécies T. asperellum (cepa Cocula) e T. reesei apresentaram 100% de eficácia biológica (Figura 24). Segundo relatos de Infante et al., (2009), a antibiose das espécies de Trichoderma é baseada na produção de metabólitos tóxicos e antibióticos tais como gliotoxina, viridina, tricodermina, suzukacilina, alameticina, dermadina, tricotecenos e tricorzinina; que são responsáveis por inibir o crescimento de fungos fitopatogênicos.

Gráfico vinte. Comparação de o valores médias do diâmetro de o colônias de Q. micrósporo em todos As datas de avaliação, em ele Ensaio Ei **Data**

Não.	Tratamento	1	2	3	4	5	6	7	8	9	10
1	Testemunha	1,15 a	1,7 a	2.2a	2,7a	4.1a	4,9 a	5,5 a	6.4a	7,4a	8.3 a
2	Trichoderma sp. (Cepa Tetipac)	0,95 b	1,4 a	1,8a b	2.2a	2,7b	3.2b	3,7c	4,4c	5.1c	6,4 c
3	T. fasciculado	0,0c	0,6b	1,0c	1.4b	1.6c	1.9c	1.9d	2.9d	3.6d	4.3 d
4	T. reesei	0,0c	0,0c	0,0d	0,0c	0,0d	0,0d	0,0e	0,0e	0,0e	0,0 e
5	T. asperellum (cepa Chilapa)	0,0c	0,95 b	1,3b c	2.1a b	2,5b c	3.2b	4.1b c	5.1b c	5,9 aC	6.4 c
6	Tricoderma. spp	0,95 b	1,4 a	2,0 a	2,5 a	3.2b	4.1a b	5.1a b	5,9a b	6.4b	7,4 b
7	T. asperellum (cepa Cocula)	0,0c	0,0c	0,0d	0,0c	0,0d	0,0d	0,0e	0,0e	0,0e	0,0 e

Observação. O valores médias em o coluna, com o eles mesmos literal, Não são estatisticamente diferente.

Num trabalho de investigação realizado por Barman et al. (2015) avaliaram diferentes cepas de Trichoderma, incluindo T. reesei, no controle de Pestalotiopsis theae; Os autores relataram que a inibição máxima no referido trabalho foi de 72,4% com T. viride, o resultado obtido com a cepa de T. reesei foi de 65,2%; As porcentagens de inibição relatadas são diferentes e inferiores às obtidas no presente estudo onde foi registrada 100% de inibição com a cepa T. reesei. Em relação à cepa T. asperellum cepa Csaegro, ela foi avaliada com isolados de Rhizoctonia solani e Phytophthora capsici sob condições in vivo e foi observado que retarda a presença dos referidos patógenos entre 4 e 6 dias, quando inoculado em frutos de abóbora pipiana (Díaz et al., 2014; Díaz et al., 2015). Existem extensos relatos sobre o biocontrole de diferentes fungos fitopatogênicos através do uso de cepas de Trichoderma. spp., (Barman et al., 2015; Talla et al., 2015). Entretanto, há poucas informações sobre Pestalotiopsis microspora. Ortiz (2015) ressalta que T. reesei, T. fasciculatum e Trichoderma spp. conseguiu inibir o crescimento da colônia de fungos, pois estas contêm metabólitos secundários que ajudam a prevenir o crescimento.

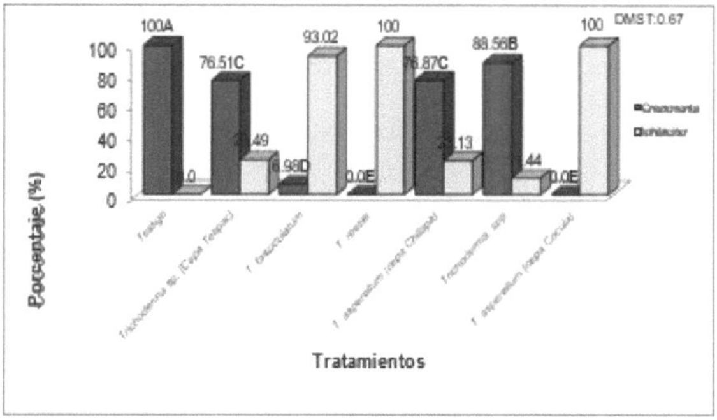

Figura 24 . Percentagem de crescimento e inibição (eficácia biológico) de o Colônias P. micrósporo, em Ensaio I. DMST (diferença menos significativa de Tukey)

6.5. Ensaio II: Efeito de extratos vegetais contra o fungo associado ao cravo-da-índia da goiaba .

Durante as 10 datas de medição do crescimento das colônias do fungo patogênico, foram encontradas diferenças altamente significativas (Tabelas A-19 a A-28 do apêndice); pois o extrato de nim da data 1 a 10 foi o que mais inibiu o desenvolvimento do patógeno (Tabela 21). Ao final do experimento, as médias são registradas, em ordem crescente de 6,5, 6.6, 6,7, 7.2 e 7.4 em Biocanela, alho, Lippoil, Capsioil e Cinnoil, respectivamente (Figura 25). Nas unidades experimentais do tratamento controle observou-se que o fungo apresentou taxa média de crescimento de 0,81 cm dia $^{-1}$; de tal forma que, às 240 h, conseguiu cobrir completamente a placa de Petri com PDA de 8,1 cm de diâmetro. No final deste ensaio, foi determinado que os extractos testados têm um efeito fungistático, porque atrasam mas não suprimem o crescimento de colónias de P. microspora. Ao final do ensaio, a média geral foi de 2,58 cm. Num ensaio semelhante, Ortiz (2015) comparou a eficácia biológica de extratos orgânicos em Pestalotiopsis sp., os mesmos extratos no mesmo fungo onde eles pegaram resultados diferente em dele investigação ele extrair de Lippoil acabou que conquista

Gráfico 21. Comparação de o médias do diâmetro de o colônias de Q. micrósporo em 10 datas de avaliação, em ele Ensaio II

Data* Não. Tratamento

	1	2	3	4	5	6	7	8	9	10
1	Testigo	1.2 a	1.5 a	2.6 b	3.3 a	4.0 a	4.9 a	5.6 a	6.4 a	7.4
a	8.1 a									
2	Cinnoil	0.5 b	0.7 b	2.8 b	3.4 ab	3.8 a	4.4 a	4.9 a	5.6 a	6.4
a	7.4 a									
3	Capsioil	1.2 a	1.5 a	2.6 b	3.3 ab	3.7 a	4.3 a	5.1	5.8 a	6.7
a	7.2 a									
4	Lippoil	1.2 a	1.5 a	4.0 a	4.0 a	4.0 a	4.4a	4.9a	5.8a	6.5
a	6.7 a									
5	Biocanela	0.0 c	0.5 bc	1.7 c	2.7 b	3.3 a	3.9 a	4.7 a	5.3 a	5.9
a	6.5 a									
6	Neem	0.0c	0.0c	0.5d	0.7c	0.9b	1.3b	1.8b	2.3b	
	2.8b	2.8b								
7	Allioil	0.7 b	1.5 a	3.3 ab	3.7 a	3.7 a	4.2 a	4.8 a	5.6a	6.2

Observação. O valores médias em o coluna, com o eles mesmos literal, Não são estatisticamente diferente, *. O dados ELE registro cada 24 h. inibir o crescimento da colônia fúngica. No presente estudo, os extratos de nim, canela e alho registraram a maior inibição, 35,30, 23,53, 22,36%, derivada de ação fungistática.

Esses dados contrastam com Barman et al. (2015), que com óleo de nim relataram 100% em Pestalotiopsis theae; isto encontrado em ele presente ensaio difere para foi relatado por Bhuvaneswari et al. (2010) que com extrato de nim encontraram inibição de 55,55% sobre Pestalotiopsis palmarum. Da mesma forma, com extrato de canela Bhuvaneswari et al., (2010) encontrou 100% de inibição em P. palmarum, este valor é superior à inibição encontrada neste estudo. O efeito dos extratos de Cinnamomun sp. foi estudado contra espécies do gênero Colletotrichum, foi relatado por Maqbool et al., (2011) e Idris et al., (2015) e recomendam-no como alternativa no controle de doenças causadas por fungos fitopatogênicos. O extrato de alho também foi avaliado por Bhuvaneswari et al (2010) e Barman et al., (2015), os primeiros autores citam que com Allium sativum encontraram uma inibição de 60%, os segundos autores relatam um efeito fungistático exercido pelo extrato de Allium sativum em Pestalotiopsis theae.

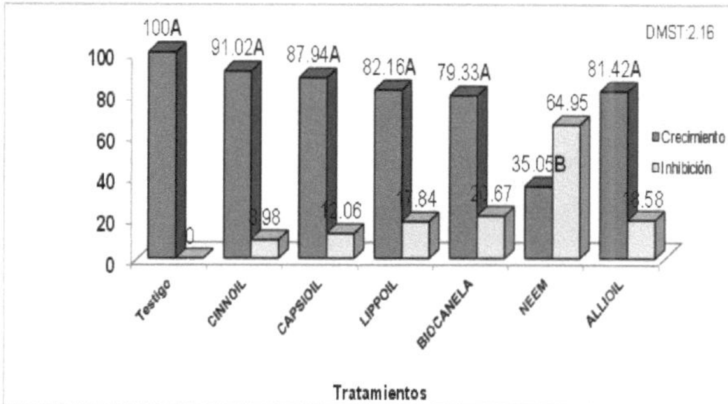

Figura 25. Percentagem de crescimento e inibição DEP micrósporo, em o cinco tratamentos do Ensaio II. DMST (diferença menos significativa de Tukey).

Ensaio III: Efeito de fungicidas produtos químicos contra ele fungo patógeno

As informações correspondentes ao crescimento micelial em cada uma das amostragens realizadas por tratamento encontram-se nas Tabelas A-29 a A-39 do apêndice; Diferenças altamente significativas (P<0,0001) foram observadas em todas as datas de avaliação. Nos tratamentos Manzate e Captan exerceram atividade fungicida sobre o patógeno em todas as avaliações, pois não permitiram o crescimento, inibiram 100% de P. microspora (Tabela 22). Cupravit não permitiu o crescimento de P. microspora no primeiro e segunda avaliação; Nas demais avaliações exerceu atividade fungistática; em tratamentos com benomil e cercobina e zinebe ELE eles pegaram médias de 6h35, 4h30 e 7h35 cm de crescimento do patógeno. No tratamento controle o patógeno cresceu a uma taxa média de 0,83 cm dia $^{-1}$, num período de 240 h as colônias de P. microspora tinham 8,5 cm de diâmetro; valor igual ao diâmetro da placa de Petri com BDA. Com os fungicidas Manzate e Captan obteve-se eficácia biológica de 100%; enquanto em o tratamentos benomil, Cercobin, Cupravit e Zinebe ELE eles pegaram 23h50, 48,70 e 11h45 %, de eficácia, respectivamente (Figura 26). O resultados obtido em esse investigação demonstrado que ele isolamento de Q. micrósporo é altamente confidencial para o Fungicidas Manzate e Captan. Resultados muito semelhantes expressos em % de inibição foram relatados por Bhuvaneswari et al (2010) Em estudos realizados com P. palmarum, aqueles que obtiveram 100% de inibição com mancozeb.

De acordo com Barman et al. (2015), também avaliaram fungicidas como Captan e Mancozeb, relataram valores diferentes e inferiores aos obtidos neste ensaio, relatando 37,5% com Mancozeb e 82,4% com Captan. A inibição de 100% relatada neste trabalho coincide com o que foi relatado por Esiegbuya et al (2014), que encontraram inibição completa com tumban em Pestalotiopsis clavispora.

Cuadro 22. Valores promedios del diámetro de las colonias de *P. microspora* en todas las fechas de evaluación, en el Ensayo III.

		Fecha*									
N°	Trat.	1	2	3	4	5	6	7	8	9	10
1	Testigo	1.2a	1.7a	2.2a	2.6a	4.0a	4.8a	5.4a	6.3a	7.3a	8.3a
2	Benomilo	0.9b	1.4a	1.8ab	2.1b	2.7b	3.1b	3.6c	4.4c	5.0c	6.3c
3	Cercobin	0.0c	0.6b	1.1c	1.3c	1.6c	1.9c	1.9d	2.8d	3.6d	4.3d
4	Manzate	0.0c	0.0c	0.0d	0.0d	0.0d	0.0d	0.0e	0.0e	0.0e	0.0e
5	Cupravit	0.0c	0.9b	1.3bc	2.0bc	2.4bc	3.1bc	4.1bc	5.0bc	5.8bc	6.3c
6	Zineb	0.9b	1.4a	2.0a	2.4b	3.1b	4.1b	5.0ab	5.8ab	6.3b	7.3b
7	Captan	0.0c	0.0c	0.0d	0.0d	0.0d	0.0d	0.0e	0.0e	0.0e	0.0e

Nota. Los valores promedios en la columna, con las mismas literales, no son estadística diferentes,*. Los datos se registran cada 24 h.

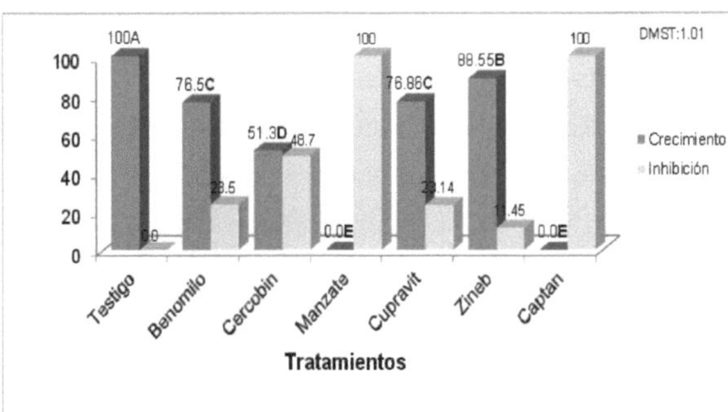

Figura 26. Percentagem de crescimento e inibição DEP micrósporo, em o cinco tratamentos do Ensaio III. DMST (diferença menos significativa de Tukey).

VII. CONCLUSÕES

De de acordo com definir objetivos e na base para o resultados obtidos em o Ensaios I, II e III, ELE conclui nas próximas:

- ELE identificado morfológico e molecularmente para o espécies Pestalotiopsis micrósporo Speg., agente causal do unha de goiaba, em Tetipac, Grande..

- O isolamento de esse fungo É patogênico quando inoculado em frutas e folhas saudáveis goiaba. O infecção foi mais severa em frutos e folhas com feridas artificiais.

- Cepas de Trichoderma spp., presente diferenças significativas em inibição do fungo patogênico.

- O espécies de T. asperelo (variedade Cócula), T. fasciculatum e T. reesel Apresentam 100% de eficácia biológica.

- O extratos vegetais mostram diferenças significativas no ao controle do patógeno.

- O extratos Cinnoil, Capsioil, Lippoil, Biocanela, Neem e Allioil tem efeitos fungistáticos em P. microspora.

- Ele extrair de neem eu me destaco sobre o o resto, por ter a eficácia biológico de 31,8%.

- O produtos produtos químicos Sulfato de mancozebe de cobre, ditiocarbamato de zinco e eles capturam, eles têm ação fungicida porque inibiram completamente o desenvolvimento do fungo.

- O produtos Benomil e tiofanato metilo eles se exercitam Ação fungistático porque Eles apenas atrasam o crescimento de colônias de patógenos.

REFERÊNCIAS BIBLIOGRÁFICO

Citrino, NG 1996. Fitopatologia. Primeira edição. Editorial Limusa. México D. F. 754 pp. Cítrico, N. g. 2005. plantas Patologia. Quinto edição. Elsevier acadêmico Imprensa. Santo Diego,

Califórnia, USOS. 922 pp. Anônimo.2014c. Morfologia Trichoderma spp. Edição Internet . http://educacion.ucv.cl/prontus_formacion/site/artic/20070710/asocfile/ASOCFILE1 20070710123449.PDF (Data da consulta: 06/06/2015).

Anônimo. 2015a. Vantagens de usar Trichoderma . Edição interna. http://www.i nfojardin.com/foro/showthread.php?t=39804 Data da consulta: 19/04/15.

Anônimo. 2015b. Propriedades antagônicas de espécies – grupos de Tricoderma. EU. Produção de não volátil antibióticos. Transação dos britânicos Sociedade Micológica 57:25–39.

Arévalo, Pe. DIZER., Diaz, J. A., Galindo, AJ, Rivero, C. M. 2012. Gerenciamento fitossanitário do cultivo de a goiaba (Psidium goiaba L.) Medidas para a temporada de inverno. págs. 100-1 Edição 14-1 de a Internet http://www.ica.gov.co/getattachment/00295b79-bcb0-4ab2-80f9- b6e3ab7218b8/-nbsp;Manejo fitossanitário da cultura da goiaba.aspx. Data da consulta: 15/06/1

Ávalos, c. 2014. Ele controverso uso de agroquímicos. Grupo Geração. Alta de a rede: http: // www. geração. com/revista/876/controverso - uso - agroquímicos. Consultado: 15/07/2015.

Ayala, B. MF 2008. Manejo integrado da monilíase (Moniliophthora roreri) em cultivo do cacau (Theobroma cacao L.) através do uso de fungicidas, aliado ao trabalho cultural. Tese de bacharelado. Faculdade de Engenharia em Mecânica e Ciências da Produção. Escola Superior Politécnica do Litoral. Guayaquil, Equador. 25-32pb.

Barman, H., Aniruddha, R. e Kumar-Das, S. 2015. Avaliação de produtos vegetais e micróbios antagônicos contra a praga cinzenta (Pestalotiopsis theae), um patógeno devastador do chá. africano Revista Agrícola Pesquisar. 9(18):1263-1267.

Barnett, H. e Hunter, B. 2000. Ilustrado gêneros de fungos imperfeitos. Terceira Ed. Editora Burgess. Mineápolis, EUA. 241 pp.

Barnett, H. e Hunter, B. 1998.Gêneros ilustrados de fungos imperfeitos.The American PhytophatologicalD. F. 726 pág.

Bauer, do IML 1984. Fitopatologia. Primeira edição. Editorial Futuro, México, DC F. 384 pp.

Bhyvaneswari, 2010. Estudos in vitro sobre o manejo da doença das folhas de palmyrah causada por Pestalotiopsis palmarum (Cooke) Ste. Journal of Plantation Crops 38(2): 165-167.

Carrasco, RA 2014. Dicionário de especialidades agroquímicas. 4ª Edição 2014. PLM México SA da CV México, DF 2000 pp.

Chaverry, P. e Samuels G. J. 2003. Multiloco filogenético estrutura dentro o Trichoderma harzianum/Hypocrealixxi complexo. Filogenética Molecular e Evolução 27: 302-313 .

DEAQ. 2015. Dicionário de Especialidades Agroquímicas. Visto on-line: http://www.agroquimicos-organicosplm.com/ consultado 05/06/15.

Diaz, N. JF, Alvarado, g. QUALQUER .G.,Leyva, M. S. g. Ayvar, S. S., Michael, PARA. PARA. c. e Vargas,

HM 2015. Identificação e controle de fungos causando o apodrecimento dos frutos pipiana abóbora (Cucurbita argyrosperma Huber). Pesquisa Agrícola da Revista Africana. 10(11):1150-1157. DOI: 10.5897/AJAR2015.9486

Diaz, Nova Jersey F., Vargas, HM, Ayvar, S. S., Alvarado, GOG, Solís, A. J. F., Durán, RJA, Díaz, CHL e Hernández, AA 2014. Identificação morfológica e PCR de Rhizoctonia solani Kühn de frutos de abóbora pipiana e seu manejo em casa de vegetação. Biotécnica. 16(3):17-21.

Domingo, FP, Insuasty, O. e Fanor. C. 2006. Distribuição espaço-temporal e danos causados por Pestalotia spp. em goiabas. Revista corporal. Edição Internet : http://www.ica.gov.co/getattachment/d08ab9dc-7593-4315-9a49-b3a5f52d2da2/Publicação-20.aspx.Date consulta: 19/04/15.

Esiegbuya, E. A., Oruade-Dimaro, EE, Odigie, FI, Okungbowa, O., Lgb Inedion, LGB e A. Ojieabu. 2014. Avaliação in vitro de alguns fungicidas selecionados contra Pestalotiopsis clavispora e Pseudocochliobolus eragrostidis isolados de Vitellaria paradoxa Mudas. Jornal de Agricultura e Ciências Veterinárias. 7(1): 80-85.

Ezziyyani, M. 2004. Biocontrole de Pestalotiopsis microspora (Psidium guajava L.) através de uma combinação de microrganismos antagonistas. Múrcia: Tese de Doutorado. Universidade de Múrcia.

Flores, Q. Ei. 2015. Gestão integrada de pregar goiaba (Pestalotiopsis psidii). p 1-19. Data da consulta: 16/06/15.

Gams, I. e Bissett, M. 1998. Morfologia e identificação de Trichoderma em: Trichoderma e Gliocladium (Vol. 1).

García, EM 1973. Modificações para o sistema de classificação climático de Köppen. Instituto de Geografia. Universidade Nacional Autônoma de México. México, DF pp 32-41.

González, g. E., Castelo, Q. Ei. e Exuberante, M. PARA. 2008. Ao controle do unha de o goiaba. Memórias do XXXI Congresso Nacional da Sociedade de Controle Biológico Controle Biológico Mexicano. pp: 446-429.

Guédez, C., Castillo, C., Cañizales, L. e Olivar, R. 2008. Controle biológico: Uma ferramenta para o desenvolvimento sustentável e sustentável. Edição interna. http://www.saber.ula.ve/bitstream/123456789/29752/1/articulo5.pdf. Data da consulta: 17/06/15.

Harman, GE, Howell, C. R., Viterbo, A., Chet, I. e Lorito, M. 2004. Espécie Trichoderma - oportunista, avirulenta simbiontes de plantas. Microbiogia 2: 43-56.

Hernández, QUALQUER., Herrera, R. e Castelo, H. 2009. Tricoderma spp., a alternativa para ele controle de fungos fitopatogênicos. Revista de Divulgação Científica. Ciência Verdadeira. Edição digital nº 17. Baixado da rede: http: // www.postgradoeinvestigacion.uadec.mx/CienciaCierta/CC17/cc17trichoderma.ht ml. Consultado: 10/06/15.

Idris, FM, Ibrahim, AM e SF Forsido (2015) Óleos essenciais para controlar Colletotrichum musae in vitro e in vivo em frutas de banana. Jornal Americano-Eurasiático de Agricultura & Ambiental Ciências 15(3): 291-302.

Infantil, D., Martinez B. e Reyes, L. 2009 . Mecanismos de ação do Trichoderma contra fungos fitopatogênicos. Rev. Proteção Veg. 24 (1): 10 - 84.

Insuasty, B. O; Monroe, R; Díaz, F. A; y Bautista, D. J. 2005. Management phytosanitary del cultivation of guayaba (Psidium guajava L.) in Santander. p 29-30. Consultation closes: 06/15/15.

Jiménez, A. e Santos. R- 1992. Estudo biológico e morfológico do fungo causador da podridão apical de os frutos de goiaba (psidium goiaba EU.). Revista de Faculdade de Agronomia (LUZ). 9:77-96.

Kasar, P., Maity, S. S., Bhattacharya, A. você e CC Khatua. 2006. Ocorrência de cancro da goiaba em Bengala Ocidental e bioensaio de fungicidas contra patógeno. Jornal de Horticultura. CAB Abstracts.http: //www.cababstractsplus.org/abstracts/Abstracts.aspx?AcNo.=20053079049. Data da consulta: 20/06/15.

Keith, LM, Velasquez, ME e Zee, FT 2006. Identificação e caracterização de Pestalotiopsis spp. causando sarna na goiaba, Psidium guajava, no Havaí. PlantaDis. 90:16-23.

Kullnig-Gradinger, CM, Szakacs, G.y Kubicek, C. P. 2002. Filogenia e evolução do gênero Trichoderma: a multigene abordagem. Pesquisa Micológica 106:757-767.

Lopes, F. LC1994. Ensaio com fungicidas e inseticidas contra "cravo" de goiaba na região de Calvillo-cañones, Colomos Ags.1994-1995. Relatório Anual de Pesquisa. SARH-INIFAP-CIRNOC-CEPAB. México. 9 pp.

Maqbool, M., Ali, A., Alderson, PG, Mohamed, MTM, Siddiqui, Y. e N. Zahid. 2011. Aplicação pós-colheita de Chiclete arabico e óleos essenciais para controle de antracnose e qualidade de banana e mamão durante armazenamento refrigerado. Biologia e tecnologia pós-colheita 62(1): 71-76.

Martinez, B., Danay, Eu e Reyes, Y. 2013. Tricoderma spp. e dele função em ele Controle de pragas nas lavouras . Edição Internet . http://scielo.sld.cu/scielo.php?script=sci_arttext&pid=S1010-27522013000100001. Data da consulta: 19/04/15.

Martinez, FM 2012. Avaliação de três cepas de Trichoderma spp., como alternativa de biocontrole contra Phytophthora capsici L. em mudas de pimentão em casa de vegetação. Tese de mestrado. Centro de pesquisa interdisciplinar para o desenvolvimento regional integral. Instituto Politécnico Nacional. Durango, México.

Martinez, S., Terrazas, E., Álvarez, T., Mamani, O., Vilaa, J. e P. Mollinedo. 2010. Atividade antifúngica in vitro de extratos polares de plantas do gênero Baccharis sobre fitopatógenos. Rev.Bolív. Química. 27:13-18.

Michel, A. PARA. c. 2001. Deformação nativos de Tricoderma spp., (Euascomicetos: Hypocreales), sua antibiose e micoparasitismo em Fusarium subglutinans e F. oxysporum (Hyphomycetes: Hifas). Tese de Doutorado em Ciências. Tecomán, Colima: Universidade de Colima. 140 pp.

Montes, B. R. 2006. Extratos sólidos, aquosos e hexânicos de plantas para combater Aspergillus flavus Link em milho. Revista Mexicana de Fitopatologia. quinze: 26-30.

Montiel, M. d. R, e revelar, M. J. J. 2001. Etiologia do doença "Prego de A goiaba". 1-onze. Data de consulta: 19/04/15.

Ortiz, MG 2015. Relatório de investigação em o curso de fitopatologia I. Centro de estudos profissionais. Escola Superior Agrícola do Estado de Guerreiro. Cócula, Gro. 68-75 pp.

Plancarte, g. Q. J. 2014. Eficácia biológico em vitro de Tricoderma spp. Fungicidas produtos químicos e produtos orgânico contra Colletotrichum tropical Vermelho e Samuels causando antracnose noni. Tese de bacharelado. Centro de Estudos Profissionais. Colégio Superior Agrícola do Estado de Guerrero. Cócula. 15h

Prakash, O. e BK Pandey. 2007. Cenário atual das doenças da goiaba na Índia e seu manejo integrado. Em: Procedimentos Primeiro Simpósio Internacional da Goiaba. G. Singh, R. Kishum, e E. Chandra (eds.) Acta Horticultura 735:495-505.

Quiagen. 2012. Manual do conjunto QIAamp® DSP ADN Sangue Mini. Versão 2. Alemanha.

Quijada., O. e R. Gómez. S. 2005. Desenvolvimento tecnológico para manejo pós-colheita de goiaba na Colômbia e Venezuela. Relatório de progresso do projeto. Instituto Nacional de Pesquisa Agropecuária do estado de Zulia - Corporação Colombiana de Pesquisa Agropecuária. Estação Experimental CIMPA (Programa Nacional deprocessosIndustrial). Barbossa. http//: www.fotagro.org/projects/01_21_guayaba/III_infotec_01_021.pdf. Consultado: 20/05/15.

Ray, GO, Quijada, N., Guanipa, R., Carnacho, Y. 2005. Controle da podridão apical do fruto e ressecamento da árvore através do manejo integral da cultura da goiabeira (Psidium guajava L.). Bioagro 15:135-142.

Rayo, C. c. 2014. Relatório de pesquisa sobre ele curso fitopatologia I. Centro de estudos profissionais. Escola Superior Agrícola do Estado de Guerreiro. Cócula, Gro. 68-75 pp.

Reis, PARA. J. c. 1981. Projeto de experimentos aplicado. Primeiro Reimprimir. Limites. México, D. F. pp. 285-309 .

Romero, RL 1988. Etiologia da doença do "cravo-da-goiaba". XXVIII Congresso Nacional de Fitopatologia. Sociedade Mexicano de Fitopatologia. pág.:140.

Rosales, K., E. Sanabria, M., Rodríguez D., Camacaro, M., Ulacio, D., J. Cumana, L. e O. Crescente. 2002. Potencial efeito fungicida de extratos de plantas em ele desenvolvimento in vitro do fungo Colletotrichum gloeosporioides (Penz.) Penz. & Sac. e antracnose em frutos de manga. Revista Agrícola UDO 9 (1): 175-181.

SAGARPA, 2014. O México é o primeiro do mundo na produção de goiaba. Consultado on-line: http://www.siap.gob.mx/produccion-chile -verde/ Data da consulta: 02/07/2015.

SAS Instituto Inc. 2014. Usuário do SAS guia: Estatisticas. Relaxar 6.03. Ed. SAS Incorporação do instituto, Cary, NC EUA. 1028p.

Singlenton, EU. EU., Mihail J. D. e Correr CH. M. 1992. Métodos para pesquisar sobre Fitopatogênico transmitido pelo solo Sociedade. Minesota. 4a. Ed. 217 pág.
Aço, GD e H. Torrie, J. 1998. Bioestatística: começo e procedimentos. Segundo Edição.

McGraw Hill.México, d. F. 392 pp.
Thompson PLM. 2012. Dicionário de especialidades agroquímicos Edição Não. 22. México, DF 1840p.

Thomson. 2012. Dicionário em especialidades agroquímicos. 22a Edição. México, D. F. 1840 pp .

Tuite, J. 1996. Plantar patológico métodos; fungos e bactérias. Cidadão, Mineápolis EUA. 239 pp.

Villegas, AMOR 2014. Tricoderma pessoa. características gerais e dele potencial biológico na agricultura sustentável. Revista Orius de Biotecnologia. América do Sul. 24 (1): 5-12.

Wantanabe T. 2002. Pictórico Atlas de Solo e Semente Fungos. Morfogias de Culturas Fungos e chave para as espécies. Segunda edição. Imprensa CRC. Nova IorqueWashington, CC 500 centavos.

Branco, TJ, Bruna, T., Lee, S., e Taylor, J. 1990.Amplificação e direto sequenciamento de genes de RNA ribossômico fúngico para filogenias. In: MA Inns, DH Gelfland, JJ Sninsky e TJ Branco (eds.). PCR Protocolos.pp.315-322. Acadêmico Imprensa. São Diego, CA.

MIX
Papier aus verantwortungsvollen Quellen
Paper from responsible sources
FSC® C105338

Printed by Books on Demand GmbH, Norderstedt / Germany